普通高等教育"十一五"国家级规划教材

高等学校环境艺术设计专业教学从书暨高级培训教材

综合绿化设计

黄　艳　编著

清华大学美术学院环境艺术设计系

中国建筑工业出版社

图书在版编目(CIP)数据

综合绿化设计 / 黄艳编著. — 北京：中国建筑工
业出版社，2021.7
普通高等教育"十一五"国家级规划教材　高等学校
环境艺术设计专业教学丛书暨高级培训教材
ISBN 978-7-112-26205-2

Ⅰ.①综…　Ⅱ.①黄…　Ⅲ.①环境设计-绿化-高等
学校-教材　Ⅳ.①TU-856

中国版本图书馆 CIP 数据核字(2021)第 108156 号

本书共 7 章,包括的主要内容有:概论;绿化设计的材料与运用;室内景园;立体绿化;绿化设计的程序、方法与制作;不同空间绿化要点及设计制图表达;植物的日常养护与管理等内容。本书除了保留上一版的基本知识信息外,进行了必要的更新,补充了当代综合绿化设计的最新趋势和理念;与生态科技、公共健康、建筑空间等方面融合的相关信息。其教学内容的适应范围也大大扩展,从建筑室内空间延伸到阳台、屋顶花园、小庭院和建筑室内外的立面,因而书名作了相应调整,力求准确而全面地概括本书的内容。并且以国内外最新的项目设计案例作为论据,增加了可读性和实用性。

本书可作为高等院校环境艺术设计以及风景园林、景观设计、室内设计、艺术设计等相关专业的教学用书,同时也面向各类成人教育专业培训班的教学,也可作为专业设计师和相关从业人员提高专业知识和水平的参考书。

为了便于本课程教学与学习,作者自制课堂资源,可加《综合绿化设计》交流 QQ 群 910734900 索取。

本书配套视频
资源扫码上面
二维码观看

* * *

责任编辑:胡明安
责任校对:党　蕾

普通高等教育"十一五"国家级规划教材
高等学校环境艺术设计专业教学丛书暨高级培训教材

综合绿化设计

黄　艳　编著
清华大学美术学院环境艺术设计系

*

中国建筑工业出版社出版、发行(北京海淀三里河路 9 号)
各地新华书店、建筑书店经销
北京鸿文瀚海文化传媒有限公司制版
北京圣夫亚美印刷有限公司印刷

*

开本:880 毫米×1230 毫米　1/16　印张:11¼　插页:4　字数:289 千字
2021 年 9 月第一版　　2021 年 9 月第一次印刷
定价:**38.00** 元(赠教师课件)
ISBN 978-7-112-26205-2
(37603)

本书编者的话

本书是在《室内绿化设计》（第三版）的基础上修订而成，根据形式发展的需要，修订时改成本书名。

作为设计学科重点的环境设计专业源于 20 世纪 50 年代中央工艺美术学院室内装饰系。在历史中，它虽数异名称（室内装饰、建筑装饰、建筑美术、室内设计、环境艺术设计等），但初心不改，一直是中国设计界中聚焦空间设计的专业学科。经历几十年发展，环境设计专业的学术建构逐渐积累：1500 余所院校开设环境设计专业，每年近 3 万名本科生或研究生毕业，从事环境设计专业的师生每年在国内外期刊发表相关论文近千篇；环境设计专业共同体（专业从业者）也从初创时期不足千人迅速成长为拥有千万人从业，每年为国家贡献产值近万亿元的庞大群体。

一个专业学科的生存与成长，有两个制约因素：一是在学术体系中独特且不可被替代的知识架构；二是国家对这一专业学科的不断社会需求，两者缺一不可，如同具备独特基因的植物种子，也须在合适的土壤与温度下才能生根发芽。1957 年，中央工艺美术学院室内装饰系的成立，是这一专业学科的独特性被国家学术机构承认，并在"十大建筑"建设中辉煌表现的"亮相"时期；在之后的中国改革开放时期，环境设计专业再一次呈现巨大能量，在近 40 年间，为中国发展建设做出了令世人瞩目的贡献。21 世纪伊始，国家发展目标有了调整和转变，环境设计专业也需重新设计方案，以适应新时期国家与社会的新要求。

设计学是介于艺术与科学之间的学科，跨学科或多学科交融交互是设计学核心本质与原始特征。环境设计在设计学科中自诩为学科中的"导演"，所以，其更加依赖跨学科，只是，环境设计专业在设计学科中的"导演"是指在设计学科内的"小跨"（工业设计、染织服装、陶瓷、工艺美术、雕塑、绘画、公共艺术等之间的跨学科）。而从设计学科向建筑学、风景园林、社会学之外的跨学科可以称之为"大跨"。环境设计专业是学科"小跨"与"大跨"的结合体或"共舞者"。基于设计学科的环境设计专业还有一个基因：跨物理空间和虚拟空间。设计学科的一个共通理念是将虚拟的设计图纸（平面图、立面图、效果图等）转化为物理世界的真实呈现，无论是工业设计、服装设计、平面设计、工艺美术等大都如此。环境设计专业是聚焦空间设计的专业，是将空间设计的虚拟方案落实为物理空间真实呈现的专业，物理空间设计和虚拟空间设计都是环境设计的专业范围。

2020 年，清华大学美术学院（原中央工艺美术学院）环境艺术设计系举行了数次教师专题讨论会，就环境设计专业在新时期的定位、教学、实践以及学术发展进行研讨辩论。今年，借中国建筑工业出版社对"高等学校环境艺术设计专业教学丛书暨高级培训教材"进行全面修订时机，清华大学美术学院环境艺术设计系部分骨干教师将新的教学思路与理念汇编进该套教材中，并新添加了数本新书。我们希望通过此次教材修订，梳理新时期的教育教学思路；探索环境设计专业新理念，希望引起学术界与专业共同体关注并参与讨论，以期为环境设计专业在新世纪的发展凝聚内力、拓展外延，使这一承载时代责任的新兴专业在健康大路上行稳走远。

清华大学美术学院环境艺术设计系
2021 年 3 月 17 日

《室内绿化设计》（第三版）编者的话

中国建筑工业出版社 1999 年 6 月出版的"高等学校环境艺术设计专业教学丛书暨高级培训教材"发行至今已有 12 年。2005 年修订后又以"国家十一五规划教材"的面貌问世，时间又过去 5 年。2011 年，也就是国家十二五规划实施的第一年，这套教材的第三版付梓。

环境艺术设计专业在中国高等学校发展的 22 年，无论是行业还是教育都发生了令人炫目的狂飙式的突飞猛进。教材的编写和人才的培养似乎总是赶不上时代的步伐。今年高等学校艺术学升级为科学门类，设计学以涵盖艺术学与工学的概念进入视野，环境艺术设计专业得以按照新的建构向学科建设的纵深扩展。

设计学是一门多学科交叉的、实用的综合性边缘学科，其内涵是按照文化艺术与科学技术相结合的规律，为人类生活而创造物质产品和精神产品的一门科学。设计学涉及的范围宽广，内容丰富，是功能效用与审美意识的统一，是现代社会物质生活和精神生活必不可少的组成部分，直接与人们的衣、食、住、行、用等各方面密切相关，可以说是直接左右着人们的生活方式和生活质量。

设计专业的诞生与社会生产力的发展有着直接的关系。现代设计的社会运行，呈现一种艺术与科学、精神与物质、审美与实用相融合的社会分工形态。以建筑为主体向内外空间延伸面向城乡建设的环境设计，以产品原创为基础面向制造业的工业设计，以视觉传达为主导面向全行业的平面设计，按照时间与空间维度分类的方式建构，成为当代设计学专业的主体。

正因为如此，环境艺术设计成为设计学中，人文社会科学与自然科学双重属性体现最为明显的学科专业。设计学对于产业的发展具备战略指导的作用，直接影响到经济与社会的运行。在这样的背景下本套教材第三版面世，也就具有了特殊的意义。

清华大学美术学院环境艺术设计系
2011 年 6 月

《室内绿化设计》（第二版）编者的话

艺术，在人类文明的知识体系中与科学并驾齐驱。艺术，具有不可替代完全独立的学科系统。

国家与社会对精神文明和物质文明的需求，日益倚重于艺术与科学的研究成果。以科学发展观为指导构建和谐社会的理念，在这里决不是空洞的概念，完全能够在艺术与科学的研究中得到正确的诠释。

艺术与科学的理论研究是以艺术理论为基础向科学领域扩展的交融；艺术与科学的理论研究成果则通过设计与创作的实践活动得以体现。

设计艺术学科是横跨于艺术与科学之间的综合性边缘性学科。艺术设计专业产生于工业文明高度发展的20世纪。具有独立知识产权的各类设计产品，以其艺术与科学的内涵成为艺术设计成果的象征。设计艺术学科的每个专业方向在国民经济中都对应着一个庞大的产业，如建筑室内装饰行业、服装行业、广告与包装行业等。每个专业方向在自己的发展过程中无不形成极强的个性，并通过这种个性的创造以产品的形式实现其自身的社会价值。

正是因为这样的社会需求，近年来艺术设计教育在中国以几何级数率飞速发展，而在所有开设艺术设计专业的高等学校中，选择环境艺术设计专业方向的又占到相当高的比例。在这套教材首版的1999年，可能还是环境艺术设计专业教材领域为数不多的一两套之列。短短的五六年间，各种类型不同版本的专业教材相继面世。编写这套教材的中央工艺美术学院环境艺术设计系，也在国家高校管理机制改革中迅即转换成为清华大学的下属院系。研究型大学的定位和争创世界一流大学的目标，使环境艺术设计系在教学与科研并行的轨道上，以快马加鞭的运行状态不断地调整着自身的位置，以适应形势发展的需求，这套教材就是在这样的背景下修订再版，并新出版了《装修构造与施工图设计》，以期更能适应专业新形式的需要。

高等教育的脊梁是教师，教师赖以教学的灵魂是教材。优秀的教材只有通过教师的口传身授，才能发挥最大的效益，从而结出累累的教学成果。教师教材之于教学成果的关系是不言而喻的。然而长期以来艺术高等教育由于自身的特殊性，往往采取一种单线师承制，很难有统一的教材。这种方法对于音乐、戏剧、美术等纯艺术专业来讲是可取的。但是作为科学与艺术相结合的高等艺术设计专业教育而言则很难采用。一方面需要保持艺术教育的特色，另一方面则需要借鉴理工类专业教学的经验，建立起符合艺术设计教育特点的教材体系。

环境艺术设计教育在国内的历史相对较短。由于自身的特殊性，其教学模式和教学方法与其他的高等教育相比有着很大的差异。尤其是艺术设计教育完全是工业化之后的产物，是介于艺术与科学之间边缘性极强的专业教育。这样的教育背景，同时又是专业性很强的高校教材，在统一与个性的权衡下，显然两者都是需要的。我们这样大的一个国家，市场需求如此之大，现在的教材不是太多，而是太少，尤其是适用的太少。不能用同一种模式和同一种定位来编写，这是摆在所有高等艺术设计教育工作者面前的重要课题。

当今的世界是一个以多样化为主流的世界。在全球经济一体化的大背景下，艺术设计领域反而需要更多地强调个性，统一的艺术设计教育模式无论如何也不是我们的需要。只有在多元的撞击下才能产生新的火花。作为不同地区和不同类型的学校，没有必要按照统一的模式来选定自己的教材体系。环境艺术设计教育自身的规律，不同层次专业人才培养的模式，以及不同的市场定位需求，应该成为不同类型学校制定各自教学大纲选定合适教材的基础。

环境艺术设计学科发展前景光明，从宏观角度来讲，环境的改善和提高是一个重要课题。从微观的层次来说中国城乡环境的设计现状之落后为科学的发展提供了广大的舞台，环境艺术设计课程建设因此处于极为有利的位置。因为，环境艺术设计是人类步入后工业文明信息时代诞生的绿色设计系统，是艺术与艺术设计行业的主导设计体系，是一门具有全新概念而又刚刚起步的艺术设计新兴专业。

清华大学美术学院环境艺术设计系
2005 年 5 月

《室内绿化设计》（第一版）编者的话

自从1988年国家教育委员会决定在我国高等院校设立环境艺术设计专业以来，这个介于科学和艺术边缘的综合性新兴学科已经走过了十年的历程。

尽管在去年新颁布的国家高等院校专业目录中，环境艺术设计专业成为艺术设计学科之下的专业方向，不再名列于二级专业学科，但这并不意味环境艺术设计专业发展的停滞。

从某种意义上来讲也许是环境艺术设计概念的提出相对于我们的国情过于超前，虽然十年间发展迅猛，在全国数百所各类学校中设立，但相应的理论研究滞后，专业师资与教材奇缺，社会舆论宣传力度不够，导致决策层对环境艺术设计专业缺乏了解，造成了目前这样一种局面。

以积极的态度来对待国家高等院校专业目录的调整，是我们在新形势下所应采取的惟一策略。只要我们切实做好基础理论建设，把握机遇，勇于进取，在艺术设计专业的领域中同样能够使环境艺术设计在拓宽专业面与融汇相关学科内容的条件下得到长足的进步。

我们的这一套教材正是在这样的形势下出版的。

环境艺术设计是一门新兴的建立在现代环境科学研究基础之上的边缘性学科。环境艺术设计是时间与空间艺术的综合，设计的对象涉及自然生态环境与人文社会环境的各个领域。显然这是一个与可持续发展战略有着密切关系的专业。研究环境艺术设计的问题必将对可持续发展战略产生重大的影响。

就环境艺术设计本身而言，这里所说的环境，是包括自然环境、人工环境、社会环境在内的全部环境概念。这里所说的艺术，则是指狭义的美学意义上的艺术。这里所说的设计，当然是指建立在现代艺术设计概念基础之上的设计。

"环境艺术"是以人的主观意识为出发点，建立在自然环境美之外，为人对美的精神需求所引导，而进行的艺术环境创造。如大地艺术、人体行为艺术由观者直接参与，通过视觉、听觉、触觉、嗅觉的综合感受，造成一种身临其境的艺术空间，这种艺术创造既不同于传统的雕塑，也不同于建筑，它更多地强调空间氛围的艺术感受。它不同于我们今天所说的环境艺术，我们所研究的环境艺术是人为的艺术环境创造，可以自在于自然界美的环境之外，但是它又不可能脱离自然环境本体，它必须植根于特定的环境，成为融汇其中与之有机共生的艺术。可以这样说，环境艺术是人类生存环境的美的创造。

"环境设计"是建立在客观物质基础上，以现代环境科学研究成果为指导，创造生态系统良性循环的人类理想环境，这样的环境体现于：社会制度的文明进步，自然资源的合理配置，生存空间的科学建设。这中间包含了自然科学和社会科学涉及的所有研究领域。因此环境设计是一项巨大的系统工程，属于多元的综合性边缘学科。

环境设计以原在的自然环境为出发点，以科学与艺术的手段协调自然、人工、社会三类环境之间的关系，使其达到一种最佳的运行状态。环境设计具有相当广的涵义，它不仅包括空间环境中诸要素形态的布局营造，而且更重视人在时间状态下的行为环境的调节控制。

环境设计比之环境艺术具有更为完整的意义。环境艺术应该是从属于环境设计的子系统。

环境艺术品也可称为环境陈设艺术品，它的创作是有别于艺术品创作的。环境艺术品的概念源于环境艺术设计，几乎所有的艺术与工艺美术门类，以及它们的产品都可以列入环境艺术品的范围。但只要加上环境二字，它的创作就将受到环境的限定和制约，以达到与所处环境的和谐统一。

为了不使公众对环境设计概念的理解产生偏差，我们仍然对环境设计冠以"环境艺术设计"的全称，以满足目前社会文化层次认识水平的需要。显然这个词组包括了环境艺术与设计的全部概念。

中央工艺美术学院环境艺术设计专业是从室内设计专业发展变化而来的。从20世纪50～60年代的室内装饰、建筑装饰到70～80年代的工业美术、室内设计再到80～90年代的环境艺术设计，时间跨越四十余年，专业名称几经变化，但设计的对象始终没有离开人工环境的主体——建筑。名称的改变反映了时代的发展和认识水平的进步。以人的物质与精神需求为目的，装饰的概念从平面走向建筑空间，再从建筑空间走向人类的生存环境。

从世界范围来看，室内装饰、室内设计、环境艺术、环境设计的专业设置与发展也是不平衡的，认识也是不一致的。面临信息与智能时代的来临，我们正处在一个多元的变革时期，许多没有定论的问题还有待于时间和实践的检验。但是我们也不能因此而裹足不前，以我们今天对环境艺术设计的理解来界定自身的专业范围和发展方向，应该是符合专业高等教育工作者的责任和义务的。

按照我们今天的理解，从广义上讲，环境艺术设计如同一把大伞，涵盖了当代几乎所有的艺术与设计，是一个艺术设计的综合系统。从狭义上讲，环境艺术设计的专业内容是以建筑的内外空间环境来界定的，其中以室内、家具、陈设诸要素进行的空间组合设计，称之为内部环境艺术设计；以建筑、雕塑、绿化诸要素进行的空间组合设计，称之为外部环境艺术设计。前者冠以室内设计的专业名称，后者冠以景观设计的专业名称，成为当代环境艺术设计发展最为迅速的两翼。

广义的环境艺术设计目前尚停留在理论探讨阶段，具体的实施还有待于社会环境的进步与改善，同时也要依赖于环境科学技术新的发展成果。因此我们在这里所讲的环境艺术设计主要是指狭义的环境艺术设计。

室内设计和景观设计虽同为环境艺术设计的子系统，但从发展来看，室内设计相对成熟。从20世纪60年代以来室内设计逐渐脱离建筑设计，成为一个相对独立的专业体系。基础理论建设渐成系统，社会技术实践成果日见丰厚。而景观设计的发展则相对落后，在理论上还有不少界定含混的概念，就其对"景观"一词的理解和景观设计涵盖的内容尚有争议，它与城市规划、建筑、园林专业的关系如何也有待规范。建筑体以外的公共环境设施设计是环境设计的一个重要部分，但不一定形成景观，归类于景观设计中也不完全合适，所以对景观设计而言还有很长一段路要走。因此我们这套教材的主要内容还是侧重于室内设计专业。

不管怎么说中央工艺美术学院环境艺术设计系毕竟走过了四十余年的教学历程，经过几代人的努力，依靠相对雄厚的师资力量，建立起完备的教学体系。作为国内一流高等艺术设计院校的重点专业，在环境艺术设计高等教育领域无疑承担着学术带头的重任。基于这样的考虑，尽管深知艺术类教学强调个性的特点，忌专业教材与教学方法的绝对统一，我们还是决定出版这样一套专业教材，一方面作为过去教学经验的总结，另一方面是希望通过这套书的出版，促进环境艺术设计高等教育更快更好地发展，因为我们深信21世纪必将是世界范围的环境设计的新世纪。

中央工艺美术学院环境艺术设计系
1999 年 3 月

目　　录

第 1 章　概论

第 2 章　绿化设计的材料与运用

第 3 章　室内景园

第4章 立体绿化

第5章 绿化设计的程序、方法与制作

第6章 不同空间绿化要点及设计制图表达

第7章　植物的日常养护与管理

第1章　概论

绿化植物无疑会给室内空间带来清新的感觉，当早晨的第一缕阳光照进来，整个室内便充满了生命气息。与室外庭园、公园、花园相比较而言，室内绿化显然具有其独特的魅力：为室内环境带来自然而又富有戏剧性的氛围；使人仿若置身于自然的怀抱，但又充分享受着室内空间的安全、舒适和惬意。

近年来出现的"室内景观"一词，意味着室内绿化设计的范畴、内涵和形式等都发生了变化，主要体现在以下几个方面：（1）室内环境的"室外化"。室内的绿化延伸到室外，屋顶和垂直面布置了更多的绿植。（2）植物对空间塑造参与度的提高。室内绿化的空间形态逐渐丰富起来，植物成为室内必不可少的元素，并且与陈设以及光照更好地结合起来。（3）绿色生态科技的广泛应用。绿化技术提高了绿色植物的生态效益，使得室内环境朝着生态、健康、节能、环保的方向发展。

本课程将探讨绿化水体与室内环境的关系，讲授各种植物、水、石等材料在环境塑造中的功能与方法，使学生基本了解中外不同风格水景和绿化设计的特点和形式，并运用到设计实践中；掌握水景和绿化设计的基本方法与程序，了解常用绿化植物在环境中的使用特点以及水景的基本建造结构；通过课程作业的训练，掌握水景绿化设计从方案构思、材料选择到施工等基本知识。

1.1　综合绿化历史简述

室内绿化具有悠久的历史，伴随着人工栽培植物而诞生。自古以来，人们与花草树木就密不可分，种植成为人们生活中的一项重要内容。今天的室内绿化继承了传统花卉草木之美的精髓，不断地拓展其内涵，并受到了生态环保技术、科技创新理念、新型种植材料等方面的影响。

1.1.1　来自西方的影响

西方较早就开始室内植物的培植，最早的证据可追溯到古埃及神庙的壁画，其中就有侍者手擎种在罐里的进口稀有植物（图1-1）；古埃及法老贝尼哈桑陵墓的壁画中有睡莲等图案。在古希腊和古罗马时期，人们对花卉植物的喜爱丝毫不亚于现在。古希腊克里特岛人在花盆中栽植枣椰、伞草等观赏植物，并且以陶瓷锦砖、壁纸的形式保留下来了。据古希腊植物学志记载，有500种以上的植物被人们养殖并运用在花园和室内中，而且当时就有制造精美的植物容器；不计其数的古希腊碗、罐子等都是用植物来装饰的。在古罗马宫廷中，已有种在容器中的进口植物，并在云母片作屋顶的暖房中培育玫瑰花和百合花，这些都是最好的佐证。

图1-1　古埃及神庙壁画中手持盆栽植物的人物形象

古罗马的建筑中庭率先将植物景观应用到围合室内空间中，庞贝古城的维特蒂花园是古罗马尚存的廊柱景园，列柱围合的庭院中植有灌木、花卉，还有装饰性的池塘和喷泉。公元前6世纪在巴比伦城修建的空中花园采用立体造园手法（图1-2），四层的阶梯型花园上面铺满了各种名贵的

图1-2 古巴比伦城中被称为
"世界七大奇迹"的空中花园

图1-3 帕多瓦植物园

花草，并配有发达的灌溉系统，远看犹如空中飘浮的精美苑景。

到了文艺复兴时期，园艺盛行，植物具有较高的观赏和美学价值，其空间布局具有几何性和秩序性之美，营造古典、优美的园林景观。植物学得到了发展，药用植物也普遍运用，帕多瓦植物园就是药用植物的教学基地（图1-3）。意大利开始流行用白色的水果和花卉配以柔和的蓝色背景，这种设计的影响一直延续至今。而英、法早在17～19世纪就已在暖房中培育柑橘。

花卉植物的研究出现在手稿、草稿中，甚至出现在像丢勒这样的大师绘画作品中（图1-4）。那时花卉植物往往被看作是背景的一部分，起到装饰或象征作用。

图1-4 丢勒《报春花属》
（彩图见附页）

2

花卉题材的绘画作品直到16世纪晚期才被认为是艺术品，这是由于当时的探险者把几百种植物带回欧洲，人们受此刺激，几乎对所有的植物都陷入一种狂热之中。因此，许多室内培育植物的知识是在市场销售、运输过程中获得的，要比从书本获得的知识早。

装在银制容器中的花卉、水果、食物和酒被摆到桌子上，桌上则铺着图案丰富的桌布。而那些容器也被饰以蝴蝶、蛇、鸟巢等，色彩艳丽而大胆，光好像是从花本身反射出来的一样。画作常常需要很长时间才能完成，所以你在一幅画上就可能看到春、夏、秋的花卉摆在一起。

18世纪后，人们的品位开始发生变化。在法国，受到时尚的影响，流行浅色调的花卉（图1-5），并出现了用陶瓷做成的花，而国王路易十五的情妇蓬帕杜尔夫人甚至直接用瓷花来装饰她的礼服。

图1-5 玻璃容器中的花卉（彩图见附页）

1.1.2 来自东方的影响

在这里，"东方"主要指的是中国和日本。但是在花卉植物的设计上，两者有着显著的不同。早在两千多年前我国人民就种植奇花异草，无论是踏青、登高、春游、野营还是种花、赏花、咏花，人们都能发现植物的色、形、香之可爱。花卉果木有陶冶情操、净化心灵的作用，文人墨客常常将对植物、花卉的欣赏表达于诗画之中。《三辅黄图》记载："汉武帝元鼎元年（公元前116年）起扶荔宫，以植所得奇花异木甘蕉十二本，留求子十本，龙眼、荔枝、槟榔、桔皆百余本……"林通的《山园小梅》颂曰："疏影横斜水清浅，暗香浮动月黄昏。"苏东坡诗云："宁可食无肉，不可居无竹。"杜甫《寄题草堂》云："四松初移时，大抵三尺强。别来忽三载，离立如人长。"

室内绿化在我国的发展历史源远流长。中国的室内绿化装饰最早可追溯到新石器时代，从浙江余姚河姆渡新石器文化遗址的发掘中，获得了一块刻有盆栽植物花纹的"五叶纹"陶块（图1-6）。河北望都一号东汉墓的墓室内有盆栽的壁画，绘有内栽红花绿叶的卷尚圆盆，置于方形几上，盆长椭圆形，内有假山几座，长有花草。另一幅也画着高髻侍女，手托莲瓣形盘，盘中有盆景，长有植物一棵，植株上有绿叶红果。可见当时已有山水盆景和植物盆景。东晋王羲之《秉书堂贴》中提到了莲的栽培，"今年植得千叶者数盆，亦便发花相继不绝"，这可以说是有关盆栽花卉的最早文字记载。

图1-6 "五叶纹"陶块

到了隋唐时期，盆景已经作为室内观赏植物的一种形式而被人们普遍接受。据传公元6世纪唐代武则天时，宫廷已能用地窖熏烘法使盆栽百花在春节齐开一堂。宫廷排宴赏花自唐代始盛，相传武则天下诏催花，唐玄宗曾击鼓催花，到孟蜀时也多次设宴召集百官赏花，都表达了人们对花卉的喜爱和运用。对植物、花卉的热爱，也常洋溢于诗画之中，也因此而有"殿前排宴赏花开"这样的诗句。宋代，植物逐渐被运用到民间的室内装饰中，流行以花喻人的艺术手法。元代，盆栽和盆景由大型向小型化转变，在园艺上取得了重大突破。到了明清时期，植物在室内装饰中的运用更加普遍，并有了成熟的理论著作。

总的来看，中国传统的室内绿化设计更注重精致的色彩、优雅的姿态和香味以及具有装饰性的容器。通常是通过盆栽、盆景为主来完成的，从而集中在栽培观花、观果植物，欣赏花的娇艳芬芳和果的丰润繁茂，如牡丹、腊梅、山茶、玉兰、杜鹃、兰花、菊花、水仙等。如果说中国室内绿化最突出的成就或特点是盆景，那么日本就是插花了，这是由于日本文化同时受到中国和西方的影响。虽然大多数国家的学校或会所中都开设了插花的课程，但不可否认的是，日本的插花艺术以其优雅的线条、和谐的比例而独树一帜，通过象征性的手法表达了自然的情趣（图1-7）。同样反映在手稿、绘画、瓷器当中。

总之，东方绿化设计的主要特征就是精妙的空间比例和均衡关系，可以说与现代设计的口号"少即是多"的理念不谋而合。

1.1.3 19世纪的影响

19世纪的欧洲在政治制度、经济发展、社会结构、人文思想方面都有大变革。工业革命推动了世界市场的形成，更多的植物种类引入到欧洲，丰富了室内绿化装饰的材料。随着人们生活水平的提高，植物从少数贵族阶层环境中走入平民

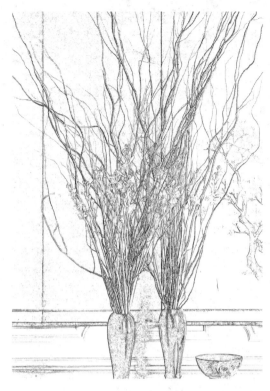

图1-7 日式插花

大众空间，植物的应用范围更广泛、形式更多样灵活，成为日常生活必不可少的一部分。从绘画到器物、建筑装饰、服装等都运用了植物的题材。另外，植物造景重视民众的需求，建设了更多的城市公园，古典的皇家园林也逐步向市民开放。

同时科技的飞跃带来了新型的建筑材料和建造方式，玻璃和钢材在建筑中的大量使用使室内得到了更多的自然光线，室内空间尺度更为高大，为室内种植提供了更好的条件，玻璃暖房便是在这种背景下诞生的。为1851年英国第一届世界博览会修建的水晶宫是第一座玻璃温室（图1-8），宽敞的透明宫殿内展示着高大的棕榈，还有各种奇花异草，场馆中绿草如茵，水流潺潺。

图1-8 英国伦敦水晶宫

4

19世纪西方绘画中普遍以花卉和植物为题材，这些画家出于对植物浓厚的兴趣，从野外或花园中采集来各种花，特别是玫瑰。他们按照品种、色彩、质感等因素对植物进行摆放和设计，然后才开始动手画。这些花也许是放在玻璃碗里，或是插在大号的水杯中，甚至是泥罐中。画中图案精美的东方容器和玻璃花瓶，至今都是最常用的选择。梵·高的画作《向日葵》描绘出炽热的花蕊和灿烂的花瓣，表达了他对于生命的理解。到了19世纪中叶以后，对植物的研究运用更加广泛且深入。照相机能够记录室内的每个细节、桌椅的摆放和植物，色彩和光、光色都是要考虑的视觉元素。

19世纪植物在室内装饰中的运用对当代室内景观设计造成了直接影响。今天，以花卉为主题的绘画虽然似乎已不再流行，但作为室内装饰陈设的元素却越来越受到重视，而花卉纹样早已成为织物和壁纸设计中永远的主角。

1.1.4 当代建筑、科技的影响

在当代建筑绿色生态技术高速发展的影响下，室内绿化呈现出如下发展趋势：

（1）室内空间的尺度更高大，绿化可能性更多，进一步实现室内空间室外化。

随着大跨度建筑结构技术的成熟，室内空间尺度越来越大，室内绿化逐渐由点、线、面扩展到立体空间中，发展得更优雅、高效、经济。1967年建成的亚特兰大凯悦酒店使用了约翰·波特曼提出的垂直中庭的理念，开创了中庭共享空间应用在大尺度室内设计中的先河（图1-9）。此后，室内景园与大尺度的建筑空间日益紧密地结合起来，像雨后春笋一样在世界各地建成。新加坡樟宜机场3号航站楼长达396.24m，室内东南亚热带雨林风格的垂直绿化景观有15.24m高、304.8m长，它视觉上缩小了体量巨大的室内空间（图1-10）。

（2）种植栽培技术的发展使设计师的自由度更大。

科技的进步，为绿化植物的运用开辟了更广泛的空间。现代建筑室内宽敞的空

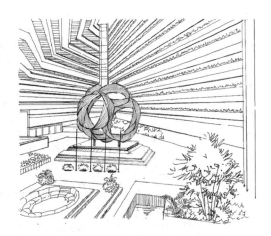

图1-9 亚特兰大凯悦酒店

图1-10 新加坡樟宜国际机场

间，流动的空气，明亮的光环境以及稳定的温度和湿度为植物的生长提供了良好的条件。20世纪30年代出现的落地窗，使室内有充足的光照，临窗摆设各类植物成了人们的新宠，并被誉为"植物窗帘"。新的种植技术运用人工种植基盘、盆栽技术、滴灌技术和支撑构件使植被的面积、规模、形状便于控制，无土水栽与碱石栽培也成为更加科学、更加自然的种植方式。此外，独家的植物健康检测技术和远程的智能浇灌技术可以帮助人们进行后期维护和管理室内的植物环境。荷兰绿色植物园在立面的网格中布置绿植，通过传感器控制的灌溉系统实现了植被的四季常绿和雨水回收利用（图1-11）。

（3）创新型技术应用在室内绿化设计中，提供室内空间绿化的多元化解决方案。

科学技术的创新使得建筑绿化在丰富生物多样性、应对城市气候变化、营造休闲空间、新再生能源的生产等方面发挥了

图 1-11　荷兰绿色植物园立面窗台绿化

作用。在高分子新材料、物联网远程控制技术、监测数据自修正技术等新型技术手段的影响下，科技和绿色人居环境设计结合起来，智慧农场和绿色城市的理念也逐步应用到生活中。曼谷 Mega Food Walk 在商场中心设置了水景冷却系统，曲折变化的水景弯道提供了形式独特的水溅和蒸发冷却效果（图 1-12）。

图 1-12　曼谷 Mega Food Walk 景观庭院

1.2　绿化设计的文化意义

　　当今的室内绿化设计一方面追求对自然、生态、科技的尊重，另一方面注重人文、美学、历史等精神价值的探索，其最终目的是创造宜居的人居环境空间，提高人类生存的质量。随着社会经济的发展和城市化水平的提高，室内绿化作为人居环境建设的重要内容，将发挥其更广泛而深入的作用。研究历史可以看出，植物的种植模式和种类都是具有意义的，是表达社会情境的一种手段，文化特点非常显著。其中很大部分是由原产地所造成的，如提

到郁金香，人们马上会联想到荷兰，而有些则与独特而复杂的历史、宗教等因素相关联。

　　在古代中国，植物更是高尚品格的象征，它美丽、纯洁、善良；它潇洒、挺拔、俊健；它有勇气、有智慧、通人性，具有人本性中的一切美好东西。因此，为文人士大夫们所欣赏。于是，植物便成了文人士大夫们抒发闲情逸致的载体。"要知此花清绝处，端知醉面读《离骚》"（徐致中赞）和"梅以韵胜，以格高"（范成大《梅谱前序》）的梅花；"本无尘土气，自在水云乡；楚楚净如械，亭亭生妙香"（元人郑云端《咏莲》）的荷花；"宁可食无肉，不可居无竹。无肉令人瘦，无竹令人俗。"（苏轼《于潜僧绿筠车》）的竹子；还有"深谷幽兰"；颇具雅逸美的菊花，无不是文人们的审美对象，也因而有了"听雨轩""梧竹幽居""翠玲珑""远香堂"等寄情于植物休闲的空间形式（图 1-13）。

图 1-13　拙政园远香堂大厅花卉

东西方对不同植物花卉均赋予了一定的象征和含义，如我国喻荷花为"出淤泥而不染，濯清涟而不妖"，象征高尚情操；喻竹为"未出土时先有节，便凌云去也无心"，象征高风亮节；称松、竹、梅为"岁寒三友"，梅、兰、竹、菊为"四君子"；喻牡丹为高贵，石榴也多子，萱草为忘忧等。许多中国人甚至以植物的名称命名，如春梅、春兰、秋菊、松、柏、竹、薇、紫薇、玉兰、杨等，都反映了植物本身具有的美好含义以及人们对植物的喜爱之情，具有高尚的文化意境。

在西方，玫瑰象征的是美好的事物，红玫瑰象征了美满的爱情。欧美许多国家都把玫瑰定为国花，以表示亲爱，又因茎上有刺，表示严肃。康乃馨代表了爱、魅力和尊敬之情。浅红色代表钦佩，深红色代表深深的爱和关怀，纯白色代表了纯洁的爱和幸运，粉红色则成为不朽的母爱的象征。百合花象征着纯洁、贞洁和天真无邪。在复活节时，百合花束经常出现在基督徒家庭中。因为它是耶稣复活的象征。此外，紫罗兰为忠实永恒；郁金香为名誉；勿忘草为勿忘我等。

1.3 植物和水体的功能

1.3.1 生态功能

作为室内绿化设计的主要材料，绿色植物具有丰富的内涵和多种作用。它可以营造出特殊的意境和气氛，使室内变得生机勃勃、亲切温馨，给人以不同的美感。观叶植物青翠碧绿，使人感觉宁静娴雅；赏花植物绚丽多彩，使人感觉温暖热烈；观果植物逗人欢喜快慰，使人联想到大自然的野趣。利用植物塑造景点，更具有以观赏为主的作用。从植物自然生态上看，植物还有以下一些作用：

1. 具有净化室内空气、增进人体健康的功能。人们都知道，氧气是维持人们生命活动所不可缺少的气体，人们在呼吸活动中吸收氧气，呼出二氧化碳。而花草树木在进行光合作用时吸收二氧化碳，吐

出氧气，所以花草树木可以维持空气中的二氧化碳和氧气的平衡，保持空气的清新。

某些植物还能分泌出杀菌素，杀灭室内的一些细菌，使空气得到净化。各种兰花、仙人掌类植物、花叶芋、鸭跖草、虎尾兰等均能吸收有害气体。例如在室内养上一盆吊兰与山影，就能将空气中由家电、塑料制品及烟火所散发出的一氧化碳、过氧化氮等有害毒气吸收。室内尘埃，时时刻刻都在危害着人们的身体健康。尘埃的来源很广，地壳的自然变化，人类的活动，宇宙万物的运动，都会时时刻刻产生尘埃，污染空气。据测量，一些大城市每月每平方公里的尘埃量高达100t左右。尘埃无孔不入，在空气中游荡、聚合。它污染食品、食具，并通过人的呼吸潜入鼻孔、呼吸道、支气管等传播疾病。而植物，特别是树木对粉尘有明显的阻挡、过滤和吸附的作用。

2. 调节微气候

室内植物时时刻刻都在通过蒸腾作用释水与吸热，从而增大空气的湿度和降低气温。夏季有利于降温隔热，冬季有利于保持室内的温度和湿度。结合室内光环境搭配绿色植物，阳性植物在光照条件好的环境下蒸腾量大，而阴性植物在较弱光照下蒸腾降温效益大。植物叶量越多，蒸腾释水作用越大，对室内环境的改善作用更大。另外，绿化栽培装置本身散发的水分也能增加空气的湿度。

3. 改善物理环境

植物重叠的叶片能够吸收、反射声波，因此室内的绿植有阻隔和削弱噪声的作用。将绿植布置在门窗附近能减轻室外噪声的影响，尤其是木本植物的隔音能力较强。此外，可以利用植物的遮蔽性来阻挡阳光的直射，调节室内气温。绿色植物具有防眩光的作用，可以在玻璃幕墙外悬挂蔓性植物来减少光污染。植物还具有减少有害电磁辐射的作用，改善了人们的生活和工作环境。

4. 消毒功能

（1）芦荟、吊兰、虎尾兰、一叶兰、

龟背竹是天然的清道夫，可以清除空气中的有害物质。有研究表明，虎尾兰和吊兰可吸收室内80%以上的有害气体，吸收甲醛的能力超强。芦荟也是吸收甲醛的好手。

（2）常青藤、铁树、菊花等能有效地清除二氧化硫、氯、乙醚、乙烯、一氧化碳、过氧化氮、硫、氟化氢、汞等有害物。

（3）紫菀属、黄耆、含烟草、黄耆属和鸡冠花等一类植物，能吸收大量的铀等放射性核素。

（4）天门冬可清除重金属微粒。

（5）除虫菊含有除虫菊酯，能有效驱除蚊虫。

（6）玫瑰、桂花、紫罗兰、茉莉等芳香花卉产生的挥发性油类具有显著的杀菌作用。

（7）紫薇、茉莉、柠檬等植物，5min内就可以杀死白喉菌和痢疾菌等原生菌。

因此，植物确实是人类身体健康和生命安全默默无闻的卫士。它在整个生命活动过程中不声不响地和许多危害人们的不利因素进行斗争，又不声不响地为我们创造出优美舒适的生活环境。

1.3.2 空间功能

绿化作为室内设计的要素之一，在组织、装饰美化室内空间起着重要的作用。室内绿化的自由度更大、面积更大、表现形式更丰富，使得绿化植物的空间功能更为强大而多样。运用绿化组织室内空间大致有以下几种手法。

（1）内外空间的过渡与延伸

植物是大自然的一部分，人们在绿色植物的环境中，即感到自身处在大自然之中。将植物引进室内，使室内空间兼有外部大自然界的因素，达到内外部空间的自然过渡。将外部的植物引进延伸到室内空间，能使人减少突然从外部环境进到一个封闭的室内空间的感觉。因此，我们可以在建筑入口处设置花池、盆栽或花棚；在门廊的顶部或墙面上做悬吊绿化；在门厅

内做绿化甚至绿化组景；也可以采用借景的办法，通过玻璃和透窗，使人看到外部的植物世界等手法，使室内室外的绿化景色互相渗透，连成一片，使室内的有限空间得以扩大，又完成了内外过渡的目的（图1-14、图1-15）。

图1-14 澳大利亚布里斯班城市森林一层公园

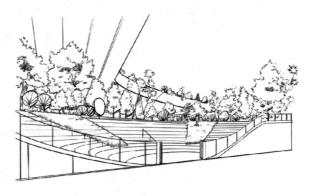

图1-15 巴黎17区潘兴地块城市综合体

（2）限定与分隔空间

建筑内部空间由于功能上的要求，常常划分为不同的区域。如宾馆、商场及综合性大型公共建筑的公共大厅，常具有交通、休息、等候、服务、观赏等多功能的作用；又如开敞的办公室中工作区与走道；有些起居室中需要划分谈话休息区与就餐或工作区。这些多种功能的空间，可以采用绿化的手法把不同用途的空间加以限定和分隔，使之既能保持各部分不同的功能作用，又不失整体空间的开敞性和完整性（图1-16）。

限定和划分空间的常用手法有利用盆花、花池、绿罩、绿帘、绿墙等方法做线形分隔或面的分隔，表现出自然而亲切的氛围（图1-17）。

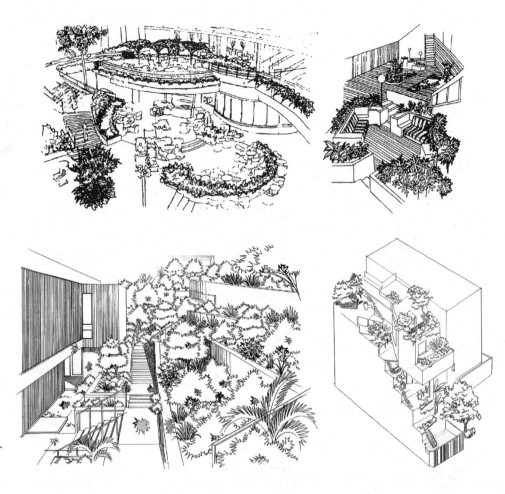

图 1-16　限定与分隔空间

图 1-17　绿帘分隔

（3）调整空间

针对室内局部空间尺度过大、过小的情况，利用植物的形态、体量、色彩、肌理来改变人的空间感受，丰富空间的层次。利用植物绿化，可以改造空旷的大空间，创造适宜的尺度感。在面积很大的空间里，可以筑造景园，或利用盆栽组成片林、花堆，既能改变原有空间的空旷感，又能增加空间中的自然气氛（图 1-18）。空旷的立面可以利用绿化分割，使人感到其高度大小宜人。除了将大空间缩小，植物还能扩大有限的室内空间。对于小面积或者狭窄的室内环境，可以运用空中庭院将外部绿化融入室内，或者借助陈设、墙面塑造多层次的室内景观，营造开敞、大气的空间效果。

（4）柔化空间

现代建筑空间大多是由直线形和板块形构件所组合的几何体，使人感觉生硬冷漠。利用室内绿化中植物特有的曲线、多姿的形态、柔软的质感、悦目的色彩和生动的影子，可以改变人们对空间的印象并产生柔和的情调，从而改善原有空间空旷、生硬的感觉，使人感到尺度宜人和亲切（图1-19）。美国亚马逊公司新总部办公室有一面五层楼高的生态墙，墙体用布袋装满了各种各样的植物，布袋和植物的质感起到了柔化空间的作用（图1-20）。

（5）空间的提示与导向

现代大型公共建筑，室内空间具有多种功能。特别是在人群密集的情况下，人们的活动往往需要提供明确的行动方向。因而在空间构图中能提供暗示与导向是很有必要的，它有利于组织人流和提供活动方向，具有观赏性的植物常常能巧妙而含蓄地起到提示方向的作用。在空间的出入口、变换空间的过渡处、廊道的转折处、台阶坡道的起止点，可设置花池、盆栽作提示，以绿化突出楼梯和主要通道、交通节点的位置；借助花池、花堆、盆栽或吊盆的线型布置，可以形成无声的诱导路线（图1-21）。

图 1-18　室内景园

图 1-19　柔化空间

10

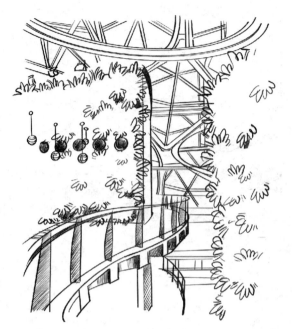

图 1-20 美国亚马逊公司新总部内部办公室

（6）装点室内剩余空间

在室内空间中，常常有一些空间死角不好利用，这些剩余空间，利用绿化来装点往往是再好不过的。如在悬梯下部、墙角、家具或沙发的转角和端头、窗台或窗框周围，以及一些难利用的空间死角布置绿化，可使这些空间景象一新，充满生气，增添情趣（图1-22）。

图 1-21 提示与指向

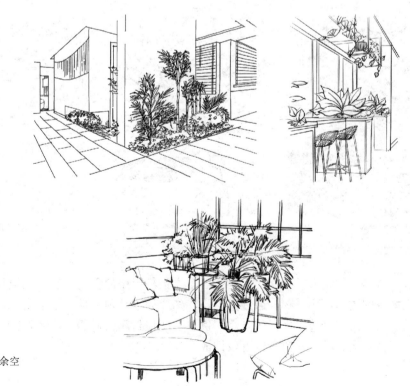

图 1-22 装点剩余空间举例

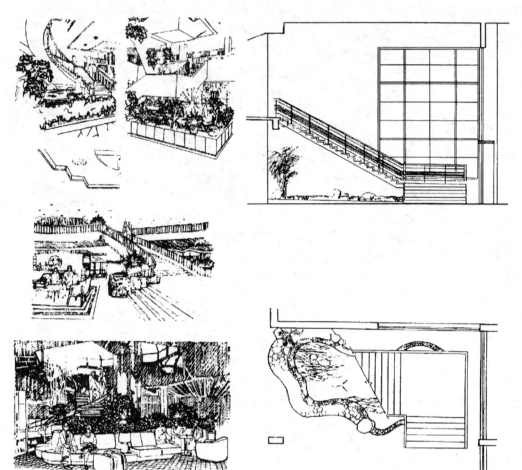

图 1-22　装点剩余空
间举例（续）

图 1-23　构成虚拟空间

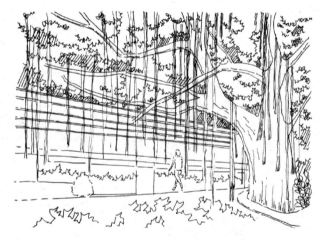

　　（7）创造虚拟空间

　　在大空间内，利用植物，通过模拟与虚构的手法，可以创造出虚拟的空间。例如，利用植物大型的伞状树冠，可以构成上部封闭的空间；利用棚架与植物可以构成周围与顶部都是植物的绿色空间，其空间似封闭又通透（图 1-23）。

图 1-24 形态富于变化的植物装饰室内

（8）美化与装饰空间

室内绿化的植物千姿百态，具有斑斓夺目的色彩、清新幽雅的气味以及独特的气质，作为室内装饰物，创造了绿意盎然、欣欣向荣的环境氛围（图 1-24）。植物是人们最好的观赏品，是真正活的艺术品，常常使人百看不厌，让人在欣赏中去遐想、去品味它的美。

具有自然美的植物，可以更好地烘托出建筑空间、建筑装饰材料的美，而且相互辉映、相得益彰（图 1-25）。树木花卉以其柔软飘逸的姿态、五彩缤纷的色彩、生机勃勃的朝气，与冷漠、生硬、工业化的金属、玻璃制品及僵硬的建筑几何形体和线条形成强烈的对比。利用植物，无论装饰家具、灯具或烘托其他艺术品，如雕塑、工艺品或文物等，都能起到装饰与美化空间的作用。例如：乔木或灌木可以以其柔软的枝叶覆盖室内的大部分空间；蔓藤植物，以其修长的枝条，从这一墙面伸展至另一墙面，或由上而下吊垂在墙面、柜、橱、书架上，如一串翡翠般的绿色枝叶装饰着，并改变了室内空间使其具有一定的生机和亲切感。这是其他任何室内装饰、陈设所不能代替的。此外，植物经过人工修剪后，不仅几何形态与建筑形式取得协调，在质地上也起到刚柔对比的特殊效果。以绿色为基调兼有缤纷色彩的植物不仅可以改变室内单调的色彩，还可以使其色调更丰富、更协调。

（9）利用石或植物材料构成具有特殊质感的空间

在多功能的建筑内部组合中，利用不同颜色与质感的石，如毛石、砖红色、灰绿色、白色、土黄色等石砌的墙面或洞穴创造的空间，利用藤本攀援植物、原木、棕榈叶、稻草等所营造出的空间，都能明显地区别周围其他材料的空间（图 1-26）。这些空间具有质朴与自然感，并具有乡土气息。

以室内植物作为装饰性的陈设，比其他任何陈设更具有生机和魅力。所有现代建筑常常用植物来装饰室内空间。植物以其丰富的形态和色彩可作良好的背景，在展厅或商店里用植物作展品或商品的陪衬和背景，更能引人注目和突出主题。与灯具、家具结合可成为一种综合的艺术陈设。

归纳起来，植物的空间功能主要有以下几个方面：

（1）分隔空间

以绿化分隔空间的做法是十分常见的，如在两厅室之间、厅室与走道之间以及在某些大的厅室内需要分隔成小空间的，如办公室、餐厅、酒店大堂、展厅等。此外，在某些空间或场地的交界线，如室内外之间、室内地面高差交界处等，都可用绿化进行分隔（图 1-27）。某些有

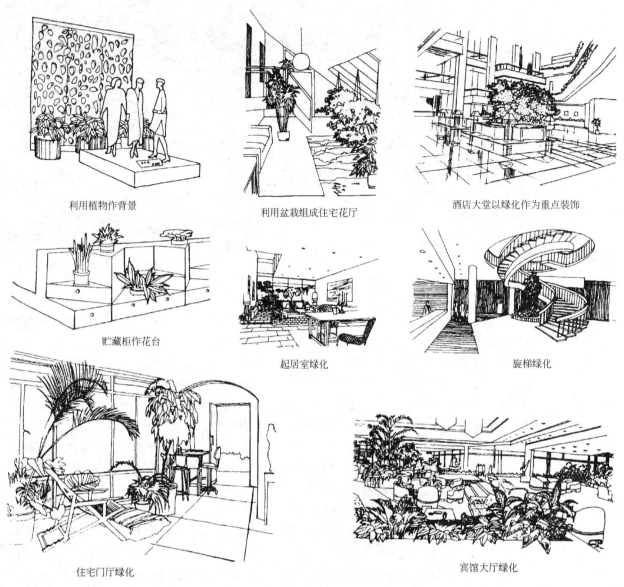

利用植物作背景　　　　　　　　利用盆栽组成住宅花厅　　　　　　酒店大堂以绿化作为重点装饰

贮藏柜作花台

　　　　　　　　　　　　　起居室绿化　　　　　　　　　　　　　旋梯绿化

住宅门厅绿化　　　　　　　　　　　　　　　　　　宾馆大厅绿化

图 1-25　装点与美化空间举例

图 1-26　构成具有特殊质感的空间举例　　　　　　　图 1-27　用绿化进行分隔

14

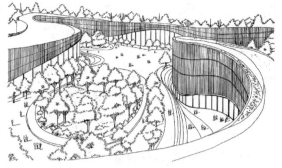

图 1-28 室内外的绿
化过渡

空间分隔作用的围栏，如柱廊之间的围栏、临水建筑的防护栏、多层围廊的围栏等，也均可以结合绿化加以分隔。

对于重要的部位，如正对出入口，起到屏风作用的绿化，还须作重点处理，分隔的方式大都采用地面分隔，当然，根据条件，也可采用悬垂植物，由上而下进行空间分隔。

（2）联系引导空间

联系室内外的方法是很多的，如通过铺地由室外延伸到室内，或利用墙面、顶棚或踏步的延伸，也都可以起到联系的作用。但是相比之下，都没有利用绿化更鲜明、更亲切、更自然、更惹人注目和喜爱。

利用绿化的延伸来联系室内外空间，可以起到过渡和渗透的作用，通过连续的绿化布置，强化室内外空间的联系和统一（图 1-28）。

绿化在室内的连续布置，从一个空间延伸到另一个空间，特别在空间的转折、过渡、改变方向之处，更能发挥空间整体效果。将联系的走道设计成收放自如、迂回曲折的空间，游客行走于绿植之间可以感受到路径宽窄、方向、明暗的变化，绿意盎然。绿化布置的连续和延伸，如果有意识地强化其突出、醒目的效果，那么，通过视线的吸引，就起到了暗示和引导作用（图 1-29）。

（3）强调重点空间

建筑入口处、楼梯进出口处、交通中心或转折处、走道尽端等，既是交通的要害和关节点，也是空间中的起始点、转折点、中心点、终结点等的重要视觉中心位置，是必须引起人们注意的位置。因此，

图 1-29　室内走道绿化

常放置特别醒目的、更富有装饰效果的、甚至名贵的植物或花卉，使其起到强化空间、重点突出的作用。

1.3.3　美学功能

植物之美首先体现在形态、姿态和色彩、肌理方面。每种植物的叶、花、果、干等器官具有独特的形态之美，而其体量、轮廓则塑造出整体的姿态美。色彩是室内绿化视觉审美的重要元素，植物的花朵、果实、茎干、枝条具有丰富的颜色，结合植物本身的色彩搭配、周围陈设的颜色，形成和谐的视觉效果。而且，叶、花、果的形状和色彩随着季相演替而变化，春花，夏绿，秋叶，冬枝，皆为不同季节里的特色景观。结合植物的季相特

征，在室内配置疏密相间、层次丰富的四季景观，表现出不同时序的花草树木之美。

植物之美还体现在它的生命力量中，让人们感悟到自然的浩瀚与博大。可以说，植物，不论其形、色、质、味，或其枝干、花叶、果实如何，都能显示出蓬勃向上、充满生机的力量，引人热爱自然，热爱生活，并陶冶人的情操。植物生长的过程，是争取生存及与大自然搏斗的过程，其形态是自然形成的，没有任何掩饰和伪装。它的美是一种自然美，洁净、纯正、朴实无华，人们从中可以得到万般启迪，使人更加热爱生命，热爱自然，陶冶情操，净化心灵，与自然共呼吸。

在精神审美方面，室内绿植既蕴含风土人情，又体现文化内涵。在室内配置一定量的植物，形成绿化空间，让人们置身于自然环境中，不论工作、学习、休息，都能心旷神怡，悠然自得。一丛丛鲜红的桃花，一簇簇硕果累累的金橘，给室内带来喜气洋洋，增添欢乐的节日气氛。苍松翠柏，给人以坚强、庄重、典雅之感；而淡雅纯净的兰花，则使室内清香四溢，风雅宜人。

1.4　工作范畴与内容

我们的工作对象简单地说，就是以植物为主，配合水、石等其他材料。而植物包括一切自然的和人工的、野生的和养殖的植物形象以及植物概念——只要是能引起人们对植物的联想的形式，都是我们可用的选择。它们可能是新鲜的也可能是干燥的植物材料，如盆栽植物和干花干枝；可能是由其他材料，如金属、纸、合成材料等制成，只要具有植物的形象，甚至只是能引起人们对植物的联想的形式，都会给我们的环境带来意想不到的特殊效果。

现代的室内绿化以观叶植物为主，大多为绿叶、花叶或彩叶，还有花、叶兼具的。从以观花、观果为主，到以赏叶为主，既反映了人们审美情趣的变化，也说明了设计师掌握了更加丰富的植物材料，从而能创造出更加丰富的室内空间形象。

狭义的室内绿化设计是指在建筑物内种植或摆放观赏植物，以构成室内设计不可分割的部分。通过把室内环境和绿色植物、石头、水体等景观小品有机结合，营造紧凑的布局、丰富的层次、多彩的形态以及多变的景致。而广义的室内绿化（室内景观）则是利用上述所涉及的一切材料并结合室内设计、园林设计的手段和方法，组织、完善和美化它在室内所占的空间；协调人与环境的关系，使人既不觉得被包围在建筑空间内而产生的厌倦感，也不觉得像在室外那样，因失去蔽护而产生不安定感。因此，室内绿化主要是解决"人—建筑—环境"之间的关系，而绿化植物、水体等也成为沟通人、建筑与环境的重要媒介，使建筑与自然相互穿插，有机协调。本书把室内绿化放在宏观的城市公共空间范畴中，营造从私有空间到半公共空间，再到公共空间的多层次的城市绿化生态系统。这种空间形态的丰富和延伸促进了生活方式的改变，让自然景观渗透到城市空间之中。

然而，室内外环境毕竟有很大差异，要实现室内绿化的生态功能和观赏功能，就不仅要考虑植物的美学效果，更应考虑植物的生存环境，尽可能满足植物的正常生活的物质条件。因此，在室内种植和配置植物，实际上是一种技术和艺术的结合。协调"人—建筑—环境"之间的关系，营造出一个绿色的，充满自然气息的室内世界（表1-1）。

室内绿化的工作范畴与内容　　　　　　　　　表1-1

	工作素材	应用范围		工作程序
表现形式	盆景、插花、陈设	住宅	客厅、书房、卧室、卫生间、厨房	选择室内绿化的植物
生长类型	乔木、灌木、草本植物、一年生植物和攀缘植物	大型建筑室内公共空间	商业空间、办公空间、餐饮空间、候机大厅、酒店中庭	室内绿化的配置及布局设计

	工作素材	应用范围		工作程序
观赏类型	观叶、观花、观果、多肉植物	建筑开放空间	底层架空、建筑结构悬挑灰空间、建筑下沉广场、屋顶花园、露天开放平台	新技术与绿色设计理念的运用
景观元素	植物、水体、山石、其他景观小品	城市开放空间	步行街道、城市广场、绿地	后期维护管理

参考文献

[1] Paul Cooper. Interiorscapes: Gardens within Buildings [M]. London: Octopus Publishing Group Ltd, 2003.

[2] 屠兰芬. 室内绿化与内庭（第二版）[M]. 北京：中国建筑工业出版社，2004.

[3] 刘玉楼，室内绿化设计 [M]. 北京：中国建筑工业出版社，1999.

[4] 刁锡荫. 现代家庭绿化装饰 [M]. 广州：广州科技出版社，1988.

[5] 屠兰芬. 室内绿化与内庭 [M]. 北京：中国建筑工业出版社，1996.

第2章 绿化设计的材料与运用

当代室内绿化设计的范畴，已在很大程度上突破了建筑空间的限制，室内和室外的界限已经模糊，其植物的表现形式也更为多元，许多园林景观的手法被运用到室内绿化中；反过来，传统室内绿化的形式，同样被园林设计所借鉴，从而为室内外创造了更为丰富创新的形式。

2.1 植物的表现形式

绿化植物的表现形式除了和文化审美相关，可以营造各具特色的室内景观，还可以与各种空间形态和建造技术相结合，构成相互联系的空间序列，展示出新的整体面貌。

2.1.1 盆景

盆景是我国传统的优秀园林艺术珍品，它富于诗情画意和生命特征，用于装点庭园，美化厅堂，使人身居厅室却能领略丘壑林泉的情趣，在我国室内绿化中有着悠久的历史和重要的作用。盆景运用不同的植物和山石等素材，经过艺术加工，仿效大自然的风姿神采和秀丽的山水，在盆中塑造出一种活的观赏艺术品。

1. 盆景的类型及风格

中国盆景艺术运用"缩龙成寸""小中见大"的艺术手法，给人以"一峰则太华千寻，一勺则江湖万里"的艺术感染力，是自然风景的缩影。它源于自然，而高于自然。人们把盆景誉为"无声的诗，立体的画""有生命的艺雕"。盆景依其取材和制作的不同，可分为树桩盆景和山水盆景两大类。

树桩盆景，简称桩景，泛指观赏植物根、干、叶、花、果的神态、色泽和风韵的盆景。一般选取姿态优美，株矮叶小，寿命长，抗性强，易造型的植物。根据其生态特点和艺术要求，通过修剪、整枝、吊扎和嫁接等技术加工和精心培育，长期控制其生长发育，使其形成独特的艺术造型。有的苍劲古朴；有的枝叶扶疏，横条斜影；有的亭亭玉立，高耸挺拔。桩景的类型有直干式、蟠曲式、斜干式、横枝式、悬崖式、垂枝式、提根式、丛林式、寄生式等（图2-1）。此外，还有云片、劈干、顺风、疏枝等形式。

山水盆景，又叫水石盆景，是将山石经过雕琢、腐蚀、拼接等艺术和技术处理后，设于雅致的浅盆之中，缀以亭榭、舟桥、人物，并配小树、苔藓，构成美丽的自然山水景观。几块山石，雕琢得当，使人如见万仞高山，可谓"丛山数百里，尽在小盆中"。

山石材料，一类是质地坚硬、不吸水分，难长苔藓的硬石，如英石、太湖石、钟乳石、斧劈石、木化石等；另一类是质地较为疏松，易吸水分，能长苔藓的软石，如鸡骨石、芦管石、浮石、砂积石等。

山水盆景的造型有孤峰式、重叠式、疏密式等（图2-2）。各地山石材料的质、纹、形、色不同，运用的艺术手法和技术方法各异，因而表现的主题和所具有的风格各有所长。四川的砂积石山水盆景着重表现"峨眉天下秀""青城天下幽""三峡天下险""剑门天下雄"等壮丽景色，"天府之国"的奇峰峻岭、名山大川似呈现在眼前。广西的山水盆景别具一格，着重表现秀丽奇特的桂林山水之差。"几程漓水曲，万点桂山尖""玉簪斜插渔歌欢"等意境的盆景，小巧精致，意境深远。

在山水盆景中，因取材及表现手法不同，又有一种不设水的旱盆景，例如只以石表现崇山峻岭或表现高岭、沙漠驼队等。山水盆景在风格上讲究清、通、险、

直干式(山夹木)　　　　　　蟠曲式(柏)　　　　　　斜干式(朴树)

横枝式(雀梅)　　　　过河式　横枝式的一种　　　　垂枝式(南洋杉)

小悬崖式　　　　　　大悬崖式(黑松)　　　　　提根式(南天竹)

丛林式(虎刺)　　　　　　寄生式(常春藤)　　　　　劈干式(椰榆)

图 2-1　不同类型的树桩盆景

孤峰式 "漓江晓趣" 风化石

疏密式 "征帆" 斧劈石

重叠式 "渔家乐" 浮石

平远式 "日出" 红岩

水旱盆景 "嘉陵渔趣" 金弹子、风化石

"群峰竞秀" 钟乳石

图 2-2　几种山水盆景造型的形式

阔和山石的奇特等特点。

此外，还有兼备树桩、山水盆景之特点的水旱盆景及石玩盆景（图 2-3）。石玩盆景是选用形状奇特、姿态优美、色质俱佳的天然石块，稍加整理，配以盆、盘、座、架而成的案头清供。

石玩 "墨玉通灵" 花石

石玩 "灵芝异石" 钟乳石

石玩 "叠玉贯长虹" 英石

图 2-3　几种不同石材的石玩

微型盆景和挂式盆景是现代出现的新形式（图2-4）。微型盆景以小巧精致、玲珑剔透为特点，小的可一只手托起5、6个。这类盆景适合书房和近赏。

2. 盆景盆和几架

盆景用的盆，种类很多，十分考究。一般有紫砂盆、瓷盆、紫砂盘、瓷盘、大理石盘、钟乳石"云盘"、水磨石盘等（图2-5）。盆、盘的形状各式各样，还可用树蔸作盆。陈设盆景的几架，也非常考究（图2-6）。红木几架，古色古香；斑竹、树根制作的几架轻巧自然，富于地方特色。由于盆、架在盆景艺术中也有着重要的作用，因而鉴赏盆景，有"一景二盆三几架"的综合品评之说。

图2-4 微型盆景及挂式盆景

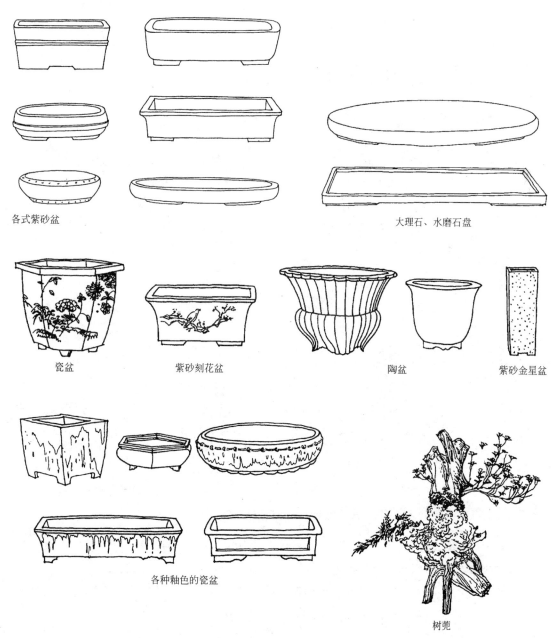

各式紫砂盆

大理石、水磨石盘

瓷盆

紫砂刻花盆

陶盆

紫砂金星盆

各种釉色的瓷盆

树蔸

图2-5 盆景盆与盘

架上架(也称盆托)　　　　　　　　　　　钟乳石云盆

图 2-5　盆景盆与盘（续）

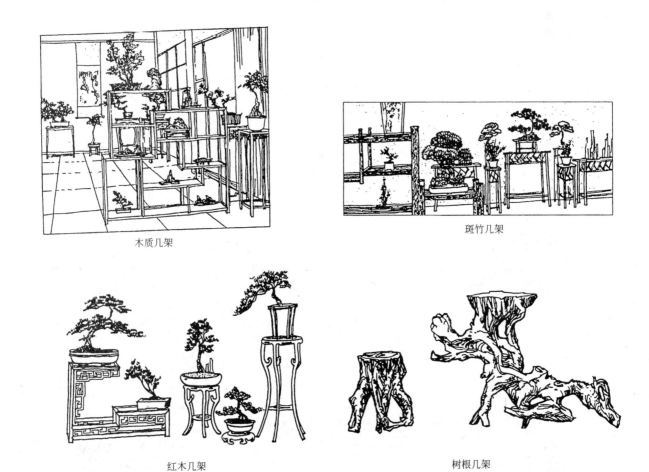

木质几架　　　　　　　　　　　斑竹几架

红木几架　　　　　　　　　　　树根几架

图 2-6　各种形式的盆景几架

2.1.2　插花

插花在室内装饰美化中，起到创造气氛，增添情趣的作用。一瓶艳丽或淡雅的插花，给室内平添了无限的情趣。插花是以切取植物可供观赏的枝、花、叶、果、根为材料，插入容器中经过一定的技术和艺术加工，组成一件精美的，富有诗情画意的花卉装饰品。一盆成功的插花要体现出色彩、线条、造型、间隙等要素。

插花作品是富有生机的艺术品，它能给人一种追求美、创造美的喜悦和享受，使人修身养性，陶冶情操。同时也具有一定的文化特征，体现一个国家、一个民族、一个地区的文化传统。插花所采用的不同植物体能表现出不同的意境和情趣。插花的特点：装饰性强；作品精巧美丽；随意性强；时间性强。

1. 插花艺术的类型

（1）依花材性质分类，分为：①鲜花插花；②干插花；③干鲜花混合插花；④人造花插花（图2-9）。

（2）依用途分类，分为：①礼仪插花。这类插花的主要目的是喜庆迎送、社交等礼仪活动。其造型简单整齐，色彩鲜艳明亮，形体较大。多以花篮、花束、花钵、桌饰、花瓶等形式出现。制作礼仪插花时，应特别注意熟悉各国和各地的用花习俗，恰当地选用其所喜爱的花材和应忌用的花材。②艺术插花。主要是为美化装饰环境和供艺术欣赏的插花叫艺术插花。这类插花造型不拘泥于一定的形式，要求简洁而多样化；主题思想注重内涵和意境的丰富与深远，常富有诗情画意；色彩既可艳丽明快，又可素洁淡雅。

（3）依插花的艺术风格分类，分为：①西方式插花。也称密集式插花。其特点是注重花材外形表现的形式美和色彩美，并以外形表现主题内容；注重追求块面和群体的艺术效果，作品简单、大方、凝练，构图比较规则对称，色彩艳丽浓厚，花材种类多，用量大，表现突出热情奔放，雍容华丽，端庄大方的风格（图2-7、图2-10）。②东方式插花。有时也称线条式插花，以我国和日本为代表（图2-16、图2-17）。它选用花材简练，以姿和质取胜，善于利用花材的自然美和所表达的内容美，即意境美，并注重季节的感受。造型除日本插花外，无风格化，不拘泥于一定的格式，形式多样化。东方插花的主要特色为含蓄、高雅、和谐、轻盈（图2-8、图2-12～图2-15）。③目前世界上新出现的写实派、抽象派、未来派以及含意更广的西方各国盛行的花艺设计在内的插花。选材构思造型更加广泛自由，强调装饰性，更具时代性和生命力（图2-11）。

图 2-7　西式插花

图 2-8　中式插花

鲜插花

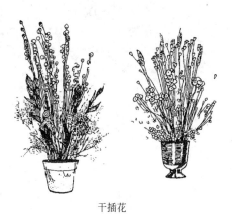
干插花

干鲜花混合插花

图 2-9　鲜花插花与干插花

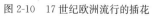
图 2-10　17 世纪欧洲流行的插花

图 2-11　西方现代插花（荷兰）

图 2-12　唐代墓壁上的插花

图 2-13　14 世纪明代壁画上的荷花及牡丹插花

图 2-14　清代的岁朝图

图 2-15 中国现
代插花

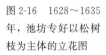

图 2-16 1628～1635
年,池坊专好以松树
枝为主体的立花图

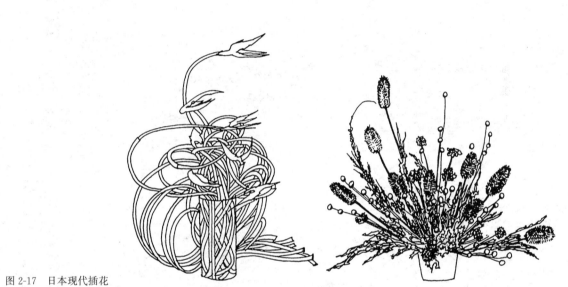

图 2-17 日本现代插花

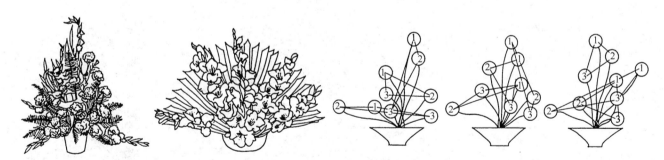

图 2-18 各种不等边三角形角度的搭配构图形式

2. 插花艺术的基本构图形式

依插花作品的外形轮廓分:

(1) 对称式构图形式,也称整齐式或图案式构图。

(2) 不对称式构图形式,也称自然式或不整齐式构图 (图 2-18)。

(3) 盆景式构图形式。

(4) 自由式构图形式,这是近代各国所流行的一种插花形式,它不拘泥形式,强调装饰效果。依主要花材在容器中的位置和姿态分有:①直立式;②下垂式;③倾斜;④水平式 (图 2-19)。

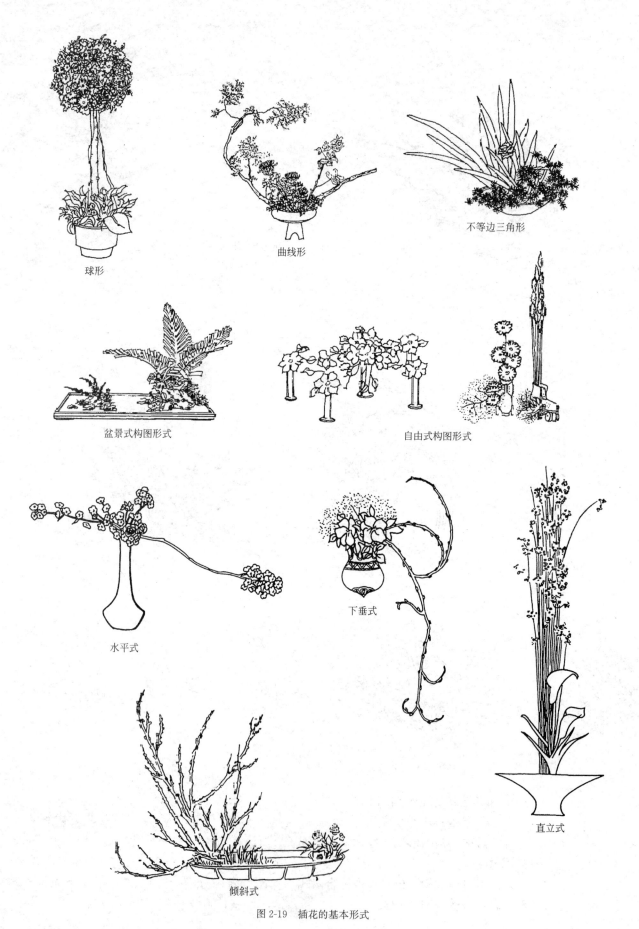

球形

曲线形

不等边三角形

盆景式构图形式

自由式构图形式

水平式

下垂式

直立式

倾斜式

图 2-19　插花的基本形式

3. 插花艺术的设计与构图原理

插花的构思立意是指如何表现插花作品的思想内容和意义，确立插花的主题思想，常从以下几方面进行构思。

（1）根据花材的形态特征和品行进行构思，这是中国传统插花最善用的手法（图2-20）。梅花傲雪凌寒，象征坚忍不拔的精神；松树苍劲古雅，象征老人的智慧和长寿；竹秀雅挺拔，常绿不凋，象征坚贞不屈，智慧和谦虚等。此外还常借植物的季节变化，创作应时插花，体现四季的演变（图2-21）。

（2）巧借容器和配件进行构思。

（3）利用造型进行构思表现主题，在花材剪裁组合中，根据构图的形象加以象征性的立意和命题，使造型的形象，有时是逼真的，有时是似像非像、令人想象的。插花构图造型的基本原则是统一、协调、均衡和韵律四大主要原则。

4. 插花技术

（1）插花工具

必备的工具有：刀、剪、花插、花泥、金属丝、水桶、喷壶等。制作大型插花最好备有小手锯、小钳子及剑筒等。

（2）插花容器

除花瓶外，凡能容纳一定水量的盆、碗、碟、罐、杯子，以及其他能盛水的工艺装饰品都可作插花容器（图2-22）。

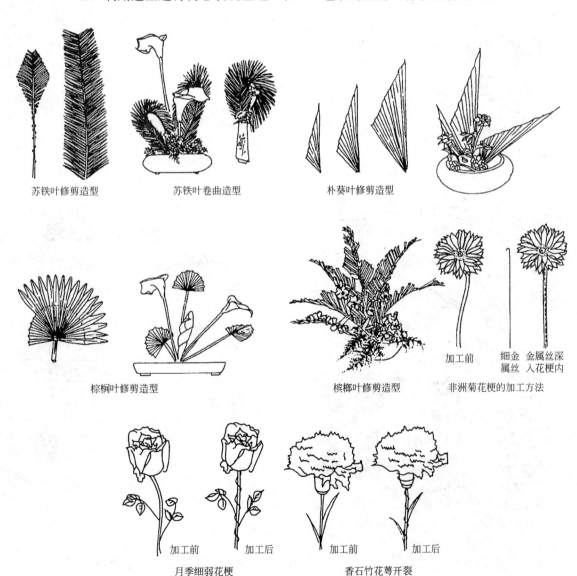

苏铁叶修剪造型　　苏铁叶卷曲造型　　朴葵叶修剪造型

棕榈叶修剪造型　　槟榔叶修剪造型　　非洲菊花梗的加工方法

加工前　　细金　金属丝深
　　　　　属丝　入花梗内

加工前　　加工后　　加工前　　加工后

月季细弱花梗　　　香石竹花萼开裂
的加工方法　　　　散瓣的加工方法

图2-20　花材的选择与处理

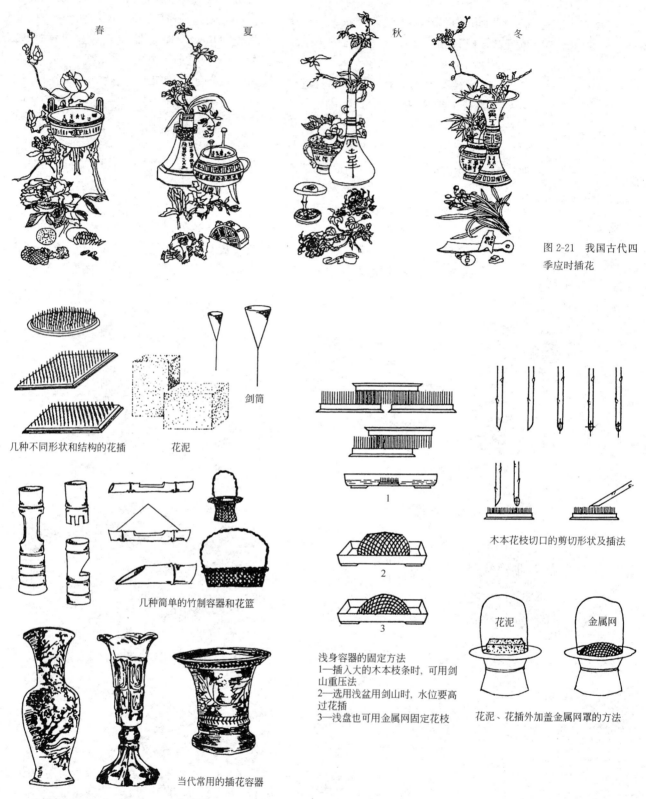

春　　　夏　　　秋　　　冬

图 2-21　我国古代四季应时插花

几种不同形状和结构的花插　　花泥　　　剑筒

几种简单的竹制容器和花篮

1
2
3

浅身容器的固定方法
1—插入大的木本枝条时，可用剑山重压法
2—选用浅盆用剑山时，水位要高过花插
3—浅盘也可用金属网固定花枝

当代常用的插花容器

木本花枝切口的剪切形状及插法

花泥　　金属网

花泥、花插外加盖金属网罩的方法

图 2-22　插花工具与容器

（3）花材的选择与处理

自然界中可供插花的植物材料非常多，被选用的花材应具备以下条件：生长强健，无病虫害；花期长，水养持久；花色鲜艳明亮或素雅洁净；花梗长而粗壮；无刺激味，不易污染衣物。

在现代插花创作中，特别是在自由式插花中，常常将许多衬叶修剪和弯曲成各种形状，甚至加以固定，以满足造型的需要（图 2-23）。

（4）花材切口的处理

为了延长水养时间，常在插前采取如下措施：清晨剪取；水中剪取；用沸水浸烫或用火灼烧切口；扩大切口面积；增加吸水量（图 2-23）。

（5）插花的具体方法与步骤

1）确定比例关系

在制作之前，首先应根据环境条件的需要，决定插花作品的体形大小。一般大型作品可高达 1～2m，中型作品高 40～80m（图 2-24），小型作品高 15～30m，而微型作品高不足 10m。不管制作哪类作品，体形大小都应当按照视觉距离要求，确定花林之间和容器之间的长短、大小比例关系，即最长花枝一般为容器高度加上容器口宽的 1～2 倍。计算方法如图 2-25 所示。

2）具体方法与步骤

几种简单造型的制作方法与步骤（图 2-26）。

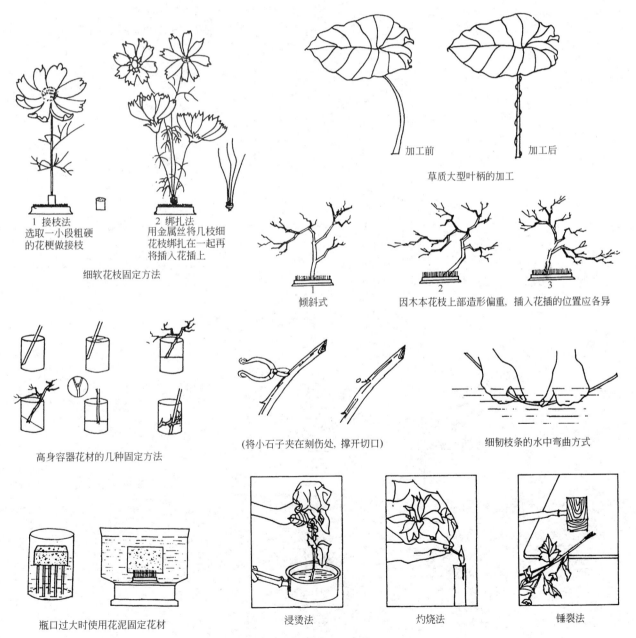

1 接枝法
选取一小段粗硬的花梗做接枝

2 绑扎法
用金属丝将几枝细花枝绑扎在一起再将插入花插上

细软花枝固定方法

草质大型叶柄的加工

倾斜式

因木本花枝上部造形偏重，插入花插的位置应各异

高身容器花材的几种固定方法

（将小石子夹在刻伤处，撑开切口）

细韧枝条的水中弯曲方式

瓶口过大时使用花泥固定花材

浸烫法

灼烧法

锤裂法

图 2-23　花材的处理方法

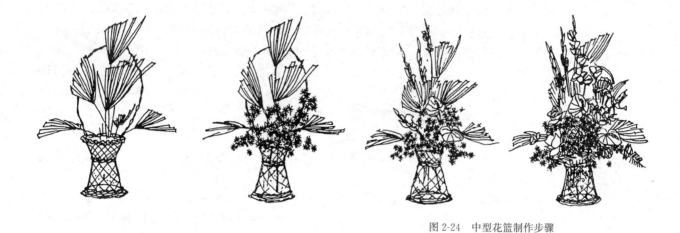

图2-24 中型花篮制作步骤
花材：棕榈、唐菖蒲、火鹤、菊花、月季、热带兰、蜈蚣草、天冬草、绣球松
容器和用具：中型花篮、花泥
步骤：①先放花泥后插衬叶；②插入常绿植物；③插摆外围花卉；④插摆内部花卉；⑤完成

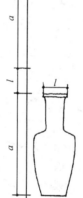

h-浅身容器高度；
a-容器长度；

a-容器高度；
l-容器口宽度

图2-25 主要花枝长度的计算方法

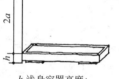

浅身容器插花制作步骤
　　（名称：丛中笑）
　　花材：鸢尾、月季、天冬草
　　容器和用具：水仙盆、花泥
　　步骤：①选材；②选插衬景叶；
　　　　　③插花后完成

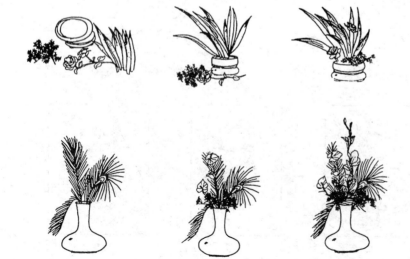

高身容器插花制作步骤(名称：腾飞)
花材：苏铁、绣球松、火鹤、月季、唐菖蒲
容器和用具：深色瓷花瓶
步骤：①插衬景叶；②插摆花；③完成

图2-26 插花制作步骤

2.2 植物材料及其特点

室内绿化设计的素材可以包括一切可在室内种植或短期保存的新鲜或干燥的植物材料，以及具有植物形象或能够引起植物联想的材料与形式。

2.2.1 常用室内绿化植物的特点与分类

在选择植物材料时应考虑其以下几方面的特点：

1. 特点

（1）色彩与肌理

色彩是植物诸要素中最引人注目的视觉特征（图 2-27）。即使是在视觉对比缺乏的情况下，协调的色彩对环境的影响也是显而易见的。色彩搭配不同会使人产生不同的情感，室内绿化设计要结合室内环境搭配色彩。植物色彩在室内环境中的表现与下列因素有关：观赏距离、照明情况、环境背景色彩等。

植物叶色-绿色　　　　　植物叶色-黄色　　　　　植物叶色-紫色

植物叶色-灰绿色　　　　植物叶色-黄绿花叶　　　　植物叶色-粉白花叶

植物叶色-黄红色　　　　植物叶色-白绿花叶　　　　植物叶色-蓝绿色

图 2-27　植物叶色（彩图见附页）

观赏距离影响着植物色彩对人的冲击力，因此，不要把重要的植物放置在离观赏者太远的距离。而且，由于光线和阴影的作用，会突出或弱化某些植物的特点。当然，植物的色彩也与其质感肌理密不可分。肌理是指植物材料的表面质地（图2-28）。虽然常常被忽视，植物质感的表现会依赖其周围环境和与之靠近的物体，并形成肌理的合理对比与搭配。肌理的对比包括柔软与坚硬、光滑与粗糙、细腻与粗犷、轻巧与沉重等方面，运用好肌理的对比能够营造出更优美的观赏效果。

在设计中，既可以通过不同植物之间的对比获得质感的表现，也可以通过照明手段来达到相应的目的。

（2）形态与造型

形态是指植物或者植物群的形状和结构。设计师需要从三维形状来考察，从而决定对植物品种的选择。

除了三维的尺度之外，植物形状也是其重要的功能特征，常见的植物外观有球形、椭圆形、圆锥形、圆柱形、悬垂形、金字塔形或水平形等（图2-29）。而通过对植物进行修剪从而改变其形状，也是常见的做法。但这种做法对维护的技术与成本要求较高。

浅绿色
驯鹿苔藓

中绿色
驯鹿苔藓

深绿色
驯鹿苔藓

翠绿色
苔藓杆

天然绿色
苔藓杆

深绿色
长苔藓

图 2-28　绿植肌理（彩图见附页）

图 2-29　植物形状

室内景园设计中考虑更多的是植物的整体轮廓而不是每个单体的形状。绘制立面图有助于对不同形态植物的搭配和数量关系进行推敲。

（3）比例与尺度

植物的比例、外形、高度以及冠幅对于室内环境的氛围影响巨大。选择适当大小的植物至关重要，既要避免因植物过高而使空间显得压抑狭小，也要避免由于植物太小而造成的视觉冲击力不足，或难以形成应有的围合感的现象。

比例既是植物与建筑空间直接的尺度关系，也是指各种不同植物之间的关系。应在不同群组的植物之间取得数量和尺度上的协调关系。总体的规律是，高大的植物数量应该少，从而易于形成视觉焦点；而矮小的植物则可以成组或成片使用，形成背景的作用。

（4）季相的变化

虽然室内绿化和景园设计中常常采用常绿植物，但季相的变化无疑总是植物最具有生命力的特征，而且更易于给室内环境视觉效果带来自然的变化。仅仅把注意力集中在常绿植物上，难免会错过许多美景。

想要平衡不同季节的景观效果，需要综合考虑植物的整年的表现。随着季节的不同，人们对植物观赏的重点也发生变化，如春天的叶子和花朵、秋天的树叶和夏天茂盛的树冠，而冬季主要的观赏元素就变成了枝干的颜色和肌理，它们之间的特色和美都是不能相互取代的（图 2-30）。因此，常年如一的效果不见得受人欢迎，更胜一筹的做法是在不同的区域突出不同的季节效果，从而在其他区域的衬托下，使各个区域一次成为亮点。

2. 分类

从生长习性的角度，绿色植物可以分为乔木、灌木、草本植物、一年生植物和攀援植物。从观赏性的角度，依据植物的形态、色彩的不同，植物的类型可分为观叶植物、观花植物、观果植物、多肉植物。

图 2-30　新泽西州米尔伯恩塔哈瑞庭院（Tahari courtyard，New Jersey）四季景色

图 2-30　新泽西州米尔伯恩塔哈瑞庭院（Tahari courtyard，New Jersey）四季景色（续）（部分彩图见附页）

室内植物种类繁多，大小不一，形态各异。不同种类的植物在室内的运用不同，适宜的空间条件也不同。

（1）按生长习性分类

虽然从理论上来说，几乎所有的植物都可以是我们的选择对象。但是受到建筑空间形态、尺度、室内物理环境、光照等条件的限制，对各种植物的选择实际上都有很大的局限性。设计师的一项工作就是努力在这些限制条件下，根据植物的特性，扩大自己的选择范围，从而更加丰富室内绿化的效果。

1）乔木

比较低矮的树木更加适合室内种植，这是由于它们对种植土深度的要求以及维护方面的考虑。种植树木主要是为了观叶，其最主要的特征在于其树冠的形态，包括球形、圆锥形、纺锤形、圆柱形等。室内、露台或屋顶花园种植树木首先要特别注意稳固的问题，常常需要专门进行固定（图 2-31）。

图 2-31　室内种植乔木

2）灌木

灌木在尺度、形态和特性上种类繁多，既有长青的，也有落叶的。而且，它们还具有较强的空间构成能力，适宜于与其他植物进行搭配。由于其尺度适中，所需种植土厚度不需太深，可以种植在花槽甚至花盆中，因而在室内，特别是露台、屋顶花园中应用非常广泛（图 2-32）。

3）草本植物

草本植物过去在室内景园和绿化中常常被忽视，这是由于它们的季节性较强。但随着自然风格的进一步为大众所喜爱，草本植物质朴、自然、随意的特征也被更深地发掘和利用。草本植物常常与其他植物，如灌木等混合搭配，种植在花坛或种植箱内（图2-33、图2-34）。

4）一年生植物

一年生植物是对其他植物的补充，它们能带来鲜明的颜色和活跃的气氛，或者用来作为填充物构成新的边界。它们种植在花盆、盒子、种植箱和吊篮中，这样就使其在诸如阳台、走廊之类的小空间里成为极有价值的选择（图2-35）。

5）攀援植物

攀援植物优美的姿态和塑造空间方面的作用显得独具优势，它们既可以是常青的也可以是落叶的；它们可以攀附在围墙、栏杆、篱笆、廊架等上面，更能塑造美妙的效果（图2-36）。

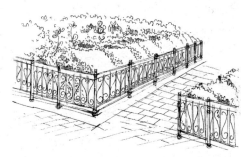

图 2-32　灌木形态

图 2-33　草本植物种植箱

图 2-34　室内草本植物

图 2-35　室内攀援植物

6）地被植物

地被植物是指低矮的草本植物、灌木和爬藤植物，它们成片覆盖在地面上，依靠密集的枝叶调节室内温度、湿度，吸附灰尘。地被植物多运用在当代室内绿化中，特别适合塑造室内景观或与其他元素相配合，具有过渡、衔接和装饰的作用（图 2-37）。常见的地被植物有天竺葵、金边吊兰、虎耳草等。

（2）按观赏特征分类

1）观叶植物

观叶植物分为小型的草本植物和大型的木本植物。它们生长耐阴湿，不需很强的光线，很适宜室内生长，与现代化建筑的内部装修、器物陈设结合更协调，更具现代感。它们大多采用无土培养，干净卫生无污染。室内最常用的观叶植物有：绿萝、虎尾兰、棕榈、文竹（图 2-38、图 2-39）。

图 2-36　室内地被植物

龟背竹

绿萝

斑纹竹芋

图 2-37　常用的几种室内观叶植物（一）

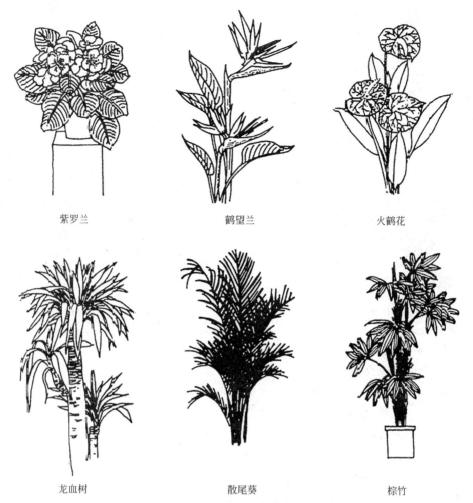

紫罗兰   鹤望兰   火鹤花

图 2-38 常用的几种
室内观叶植物（二）

龙血树   散尾葵   棕竹

2）观花植物

观花植物的花朵通常大而艳丽，具有香气。植物花期之时，花朵缤纷的色彩让人赏心悦目。观花植物的生长需要充足的光线，还需要良好的通风。常见的室内观花植物有：兰花、玉兰、紫薇、水仙、秋海棠（图 2-40）。

图 2-39 室内观叶植物

图 2-40 室内观花植物

3）观果植物

观果植物通常果实硕大，果形奇特，果皮色彩艳丽，除了果实之外，还可以观赏它们的花朵和叶片。常见的观果植物有石榴、金橘等等（图2-41）。

图2-41 室内观果植物

4）多肉植物

多肉植物不仅能美化室内环境，还具有环保作用（图2-42）。多肉植物可以分为肉质植物和仙人掌两大类。仙人球的球形茎、刺和花都具有观赏价值，适宜种植在温暖的室温中。子持莲华叶形叶色较美，适合放在阳光充沛的环境中。

图2-42 多肉植物

（3）室内常用植物列表

室内绿化常用植物的类型、性状、产地、图片列表如表2-1、表2-2所示。

室内常用植物的选用　　　　　　　　　　　　　　　　表2-1

种类	名称	性状	产地	图片
木本植物	印度橡胶树	喜温湿，耐寒，叶密厚而有光泽，终年常绿。树型高大，3℃以上可越冬，应置于室内明亮处	原产印度、马来西亚等地，现在我国南方已广泛栽培	
	垂榕	喜温湿，枝条柔软，叶互生，革质，卵状椭圆形，丛生常绿。自然分枝多，盆栽成灌木状，对光照要求不严，常年置于室内也能生长，5℃以上可越冬	原产印度，我国已有引种	

种类	名称	性状	产地	图片
木本植物	蒲葵	常绿乔木,性喜温暖,耐阴,耐肥,干粗直,无分枝,叶硕大,呈扇形,叶前半部开裂,形似棕榈	原产中国南部,在我国广东、福建广泛栽培	
	假槟榔	喜温湿,耐阴,有一定耐寒抗旱性,树体高大,干直无分枝,叶呈羽状复叶	原产澳大利亚东部,在我国广东、海南、福建、台湾地区广泛栽培	
	苏铁	名贵的盆栽观赏植物,喜温湿,耐阴,生长异常缓慢,茎高 3m,需生长 100 年,株精壮、挺拔,叶族生茎顶,羽状复叶,寿命在 200 年以上	原产中国南方,现各地均有栽培	
	诺福克南洋杉	喜阳耐旱,主干挺秀,枝条水平伸展,呈轮生,塔式树形,叶秀繁茂。室内宜放近窗明亮处	原产大洋洲诺福克岛,在我国广东、海南、广西、福建等地广泛栽培	
	三药槟榔	喜温湿,耐阴,丛生型小乔木,无分枝,羽状复叶。植株 4 年可达 1.5～2.0m,最高可达 6m 以上	原产印度、马来西亚等热带地区,我国亚热带地区广泛栽培	

种类	名称	性状	产地	图片
木本植物	棕竹	耐阴,耐湿,耐旱,耐瘠,株丛挺拔翠秀	原产中国、日本,现我国南方广泛栽培	
	金心香龙血树	喜温湿,干直,叶群生,呈披针形,绿色叶片,中央有金黄色宽纵条纹。宜置于室内明亮处,以保证叶色鲜艳,常截成树段种植,长根后上盆,独具风格	原产亚、非热带地区,5℃可越冬,我国已引种,普及	
	银线龙血树	喜温湿,耐阴,株低矮,叶群生,呈披针形,绿色叶片上分布白色纵纹	原产非洲和亚洲热带,我国南方有栽培	
	象脚丝兰	喜温,耐旱耐阴,圆柱形干茎,叶密集于茎干上,叶绿色呈披针形。截段种植培养	原产墨西哥、危地马拉,我国近年引种	
	山茶花	喜温湿,耐寒,常绿乔木,叶质厚亮,花有红、白、紫或复色。是我国传统的名花,花叶俱佳,备受人们喜爱	原产于中国东部,在中国中部及南方地区广泛栽培	

续表

种类	名称	性状	产地	图片
木本植物	鹅掌木	常绿灌木,耐阴喜湿,多分枝,叶为掌状复叶,一般在室内光照下可正常生长	原产我国南部热带地区及日本等地,在中国台湾、广东、福建等地广泛栽培	
	棕榈	常绿乔木,极耐寒、耐阴,圆柱形树干,叶簇生于茎顶,掌状深裂达中下部,花小黄色,根系浅而须根发达,寿命长,耐烟尘,抗二氧化硫及氟的污染,有吸引有害气体的能力。室内摆设时间,冬季可1～2个月轮换一次,夏季半个月就需要轮换一次	原产中国,在我国分布很广	
	广玉兰	常绿乔木,喜光,喜温湿,半耐阴,叶长椭圆形,花白色,大而香。室内可放置1～2个月	原产北美东南部,我国长江以南各省有栽培	
	海棠	落叶小乔木,喜阳,抗干旱,耐寒,叶互生,花簇生,花红色转粉红。品种有贴梗海棠、垂丝海棠、西府海棠、木瓜海棠,为我国传统名花。可制作成桩景、盆花等观花效果,宜置室内光线充足、空气新鲜之处	原产中国,在我国广泛栽种	
	桂花	常绿乔木,喜光,耐高温,叶有柄,对生,椭圆形,边缘有细锯齿,革质深绿色,花黄白或淡黄,花香四溢。树性强健,树龄长	原产我国西南部,我国各地普遍种植	

种类	名称	性状	产地	图片
木本植物	栀子	常绿灌木，小乔木，喜光，喜温湿，不耐寒，吸硫，净化大气，叶对生或三枚轮生，花白香浓郁。宜置室内光线充足、空气新鲜处	原产中国，在我国中部、南部、长江流域均有分部	
草本植物	龟背竹	多年生草木，喜温湿、半耐阴，耐寒耐低温，叶宽厚，羽裂形，叶脉间有椭圆形孔洞。在室内一般采光条件下可正常生长	原产墨西哥等地，现已很普及	
	海芋	多年生草本，喜湿耐阴，茎粗叶肥大，四季常绿	原产中国华南、西南地区及台湾，我国南方各地均有培植	
	金皇后	多年生草本，耐阴，耐湿，耐旱，叶呈披针形，绿叶面上嵌有黄绿色斑点	原产于热带非洲及菲律宾等地，在我国北部广泛种植	
	银皇帝	多年生草本，耐湿，耐旱，耐阴，叶呈披针形，暗绿色叶面嵌有银灰色斑块	原产非洲热带，在我国各个地区均有栽培	
	广东万年青	喜温湿，耐阴，叶卵圆形，暗绿色	原产我国广东等地，在我国广西、广东均有栽植	

种类	名称	性状	产地	图片
草本植物	白掌	多年生草本,观花观叶植物,喜湿耐阴,叶柄长,叶色由白转绿,夏季抽出长茎,白色苞片,乳黄色花序	原产美洲热带地区,我国南方均有栽培	
	火鹤花	喜温湿,叶暗绿色,红色单花顶生,叶丽花美	原产中、南美洲,在我国各个地区均有栽培	
	菠叶斑马	多年生草本观叶植物,喜光耐旱,绿色叶上有灰白色横纹斑,中央呈状贮水,花红色,花茎有分枝	原产南美洲,我国近年引种	
	金边五彩	多年生观叶植物,喜温、耐湿、耐旱,叶厚亮,绿叶中央镶白色条纹,开花时茎部逐渐泛红	原产巴西,在我国南方广泛栽培	
	斑背剑花	喜光耐旱,叶长,叶面呈暗绿色,叶背有紫黑色横条纹,花茎绿色,由中心直立,红色似剑。原产南美洲的圭亚那	原产南美洲,我国各地均有栽培	

种类	名称	性状	产地	图片
草本植物	虎尾兰	多年生草本植物,喜温耐旱,叶片多肉质,纵向卷曲成半筒状,黄色边缘上有暗绿横条纹似虎尾巴,称金边虎尾兰	原产美洲热带,我国各地普遍栽植	
	文竹	多年生草本观叶植物,喜温湿,半耐阴,枝叶细柔,花白色,浆果球状,紫黑色	原产南非,现世界各地均有栽培	
	蟆叶秋海棠	多年生草本观叶植物,喜温耐湿,叶片茂密,有不同花纹图案	原产印度,我国已有栽培	
	非洲紫罗兰	草本观花观叶植物,与紫罗兰特征完全不同,株矮小,叶卵圆形,花有红、紫、白等色	原产非洲东部热带地区,我国已有栽培	
	白花呆竹草	草木悬垂植物,半耐阴,耐旱,茎半蔓性,叶肉质呈卵形,银白色,中央边缘为暗绿色,叶背紫色,开白花	原产墨西哥,我国近年已引种	
	水竹草	草本观叶植物,植株匍匐,绿色叶片上满布黄白色纵向条纹,吊挂观赏	原产南美热带,我国各地广泛栽植	

种类	名称	性状	产地	图片
草本植物	兰花	多年生草本,喜温湿,耐寒,叶细长,花黄绿色,香味清香。品种繁多,为我国历史悠久的名花	原产新加坡、巴西、厄瓜多尔等地,在我国各地广泛栽培	
	吊兰	常绿缩根草本,喜温湿,叶基生,宽线形,花茎细长,花白色	原产非洲,现我国各地已广泛培植	
	水仙	多年生草本,喜温湿,半耐阴,秋种,冬长,春开花,花白色芳香	原产中国福建,我国东南沿海地区及西南地区均有栽培	
	春羽	多年常绿草本植物,喜温湿,耐阴,茎短,丛生,宽叶羽状分裂。在室内光线不过于微弱之地,均可盆养	原产巴西、巴拉圭等地,在中国华南亚热带地区有种植	
藤本植物	大叶蔓绿绒	蔓性观叶植物,喜温湿,耐阴,叶柄紫红色,节上长气生根,叶戟形,质厚绿色,攀援观赏	原产美洲热带地区,在我国中南部地区广泛栽培	
	黄金葛(绿萝)	蔓性观叶植物,耐阴,耐湿,耐旱,叶互生,长椭圆形,绿色上有黄斑,攀援观赏	原产于印尼,在我国广泛栽培	

种类	名称	性状	产地	图片
藤本植物	薜荔	常绿攀援植物,喜光,贴壁生长。生长快,分枝多	原产我国长江流域及其以南地区,我国已广泛栽培	
	绿串珠	蔓性观叶植物,喜温,耐阴,茎蔓柔软,绿色珠形叶,悬垂观赏	原产西南非洲,在我国华北地区栽培	
肉质植物	彩云阁	多肉类观叶植物,喜温,耐旱,茎干直立,斑纹美丽。宜近窗设置	原产非洲南部,在我国各地广泛栽培	
	仙人掌	多年生肉质植物,喜光,耐旱,品种繁多,茎节有圆柱形、鞭形、球形、长圆形、扇形、蟹叶形等,千姿百态,造型独特,茎叶艳丽,在植物中别具一格。培植养护都很容易	原产墨西哥、阿根廷、巴西等地,我国已有少数品种	

室内常用的观叶、观花植物　　　　　　　　表 2-2

品种	名称	高度(m)	叶	花	耐光性	最低温度(℃)	湿度	用途(○表示陈设方式)		
								盆栽	悬挂	攀援
观叶类	诺和科南洋杉	1~3	绿		中、高	10	中	○		
	巴西铁树	1~3	绿		中、高	10~13	中	○		
	竹桐	0.5~3	绿		中、高	10~13	中	○		
	散尾葵	1~10	绿		中、高	16	高	○		
	孔雀木	1~3	绿褐		中、高	15~18	中	○		
	白边铁树	1~3	深绿		低—高	10~15	中	○		
	马尾铁树	0~3	绿红		中、高	10~13	低	○		

品种	名称	高度(m)	叶	花	耐光性	最低温度(℃)	湿度	用途（○表示陈设方式）		
								盆栽	悬挂	攀援
观叶类	熊掌木	0.5～3	绿		中、高	6	中	○		
	银边铁树	0.5～3	绿		低—高	3～5	中			
	变叶木	0.5～3	复色		高	15～18	中			
	垂叶榕	1～3	绿		中、高	10～13	中			
	印度橡胶树	1～3	深绿		中、高	5～7	中			
	琴叶榕	1～3	浅绿		中、高	13～16	中			
	维奇氏露兜树	0.5～3	绿黄		中、高	16	中	○		
	棕竹	3～	绿		低—高	7	低	○		
	鸭脚木	3～	绿		低—高	10～13	低	○		
	针葵	1～5	绿		中、高	10～13	高	○		
	鱼尾葵	1～10	绿		中、高	10～13	高	○		
	观音竹	0.5～1.5	绿		低、高	7	高	○		
	铁线蕨	0～0.5	绿		中、高	10	高	○	○	
	细斑粗肋草	0～0.5	绿		低—高	13～15	中	○		
	粤万年青	0～0.5	绿		低、中	13～15	中	○		
	花烛	0.5～1.5	青绿		低、中	10～13	中	○		
	火鹤花	0.3～0.7	深绿		低、中	10～13	高	○		
	文竹	0～3	绿		中、高	7～10	中	○		○
	天门冬	0～1	绿		中、高	7～10	中	○	○	
	一叶兰	0～0.5	深绿		低	5～7	低	○		
	蟆叶秋海棠	0～0.5	复色		低—高	7～10	中	○		
	花叶芋	0～0.5	复色		中	20	高	○		
	箭羽纹叶竹芋	0～1	绿		中	15	高	○		
	吊兰	0～1	绿白		中	7～10	中	○	○	
	花叶万年青	0～0.5	绿		低—高	15～18	中	○		
	绿萝	0～1	绿		低、中	16	高	○	○	○
	富贵竹	0～1	绿		低、中	10～13	中	○		
	黄金葛	0～1	暗绿		中	16	高	○	○	○
	洋常春藤	0.5～3	绿		低—高	3～5	中	○	○	○
	龟背竹	0.5～3	绿		中	10～13	中	○		
	春羽	0.5～1.5	绿		中	13～15	中	○	○	
	琴叶蔓绿绒	0～1	绿		中	13～15	中	○	○	○
	虎尾兰	0～1	绿黄		低—高	7～10	低	○		
	豹纹竹芋	0～0.5	绿		低—高	16～18	中	○		
	鸭跖草	0～3	绿、紫		中	10	中		○	
	海芋	0.5～2	绿		中	10～13	中	○		
	银星海棠	0.5～1	复色		中	10	中	○		

品种	名称	高度(m)	叶	花	耐光性	最低温度(℃)	湿度	用途（〇表示陈设方式）		
								盆栽	悬挂	攀援
观花类	珊瑚凤梨	0～0.5	浅绿	粉红	高	7～10	中	〇		
	大红芒毛苔苣	0.5～3	绿	红	高	18～21	高	〇	〇	
	大红鲸鱼花	0.5～3	绿	鲜红	中	15	中		〇	
	白鹤芋	0～0.5	深绿	白	低—高	8～13	高	〇		
	马蹄莲	0～0.5	绿	白、黄、红	中	10	中	〇		
	瓜叶菊	0～0.5	绿	多色	中、高	15	中	〇		
	鹤望兰	0～1	绿	红、黄	中	10	中	〇		
	八仙花	0～0.5	绿	复色	中	13～15	中	〇		

2.2.2 植物在室内空间中的运用

植物在室内空间有多种用法。总的来说，植物布局首先应与周围环境形成一个整体，植物数量和植株高度都应根据建筑空间的尺度比例而定。室内绿化的布局可归纳为点式、线式和面式3种基本布局形式。点式布局就是独立或成组集中布置，往往布置于室内空间的重要位置，成为视觉的焦点，所用植物的体量、姿态和色彩等要有较为突出的观赏价值；线式布局就是植物成线状（直线或曲线）排列，在空间上，线状绿化表现出的是一定的走向性，其主要作用是引导视线，划分室内空间。作为空间界面的一种标志，选用植物要统一，可以是同一种植物成线状排列，同一体形、同一大小、同一体量和同一色彩；也可以是多种植物交错成线状排列。设计线状绿化要充分考虑到空间组织和构图的要求，高低、曲直、长短等都要以空间组织的需要和构图规律为依据。也可以起到划分功能空间的作用。因此，线状绿化是点、线、面绿化中最常用的手段。面式布局就是成块集中布置，强调数量以及整体效果，大多用作室内空间的背景绿化，起陪衬和烘托作用。

室内绿化的布置在不同的场所，如酒店宾馆的门厅、大堂、中庭、休息厅、会议室、办公室、餐厅以及住户的居室等，均有不同的要求，应根据不同的功能和目的，采取不同的布置方式。而随着空间位置的不同，绿化的作用和地位也随之变化，可分为：（1）处于重要地位的中心位置，如大厅中央；（2）处于较为主要的关键部位，如出入口处；（3）处于一般的边角地带，如墙边角隅。

（1）重点装饰与边角点缀把室内绿化作为主要陈设并成为视觉中心，布置在厅室的中央，以其形、色的特有魅力来吸引人们，是许多厅室常采用的一种布置方式（图2-43）。

（2）结合家具、陈设等布置绿化室内绿化除了单独落地布置外，还可与家具、陈设、灯具等室内物件结合布置，相得益彰，组成有机整体（图2-44）。

（3）垂直绿化

植物通常利用天棚、栏杆、墙面等建筑构件作为依托，进行悬吊和攀缘的方式（图2-45）。

（4）沿窗布置绿化

靠窗布置绿化，能使植物接受更多的日照，并形成室内绿色景观。可以做成花槽或采用低台上置小型盆栽等方式（图2-46）。

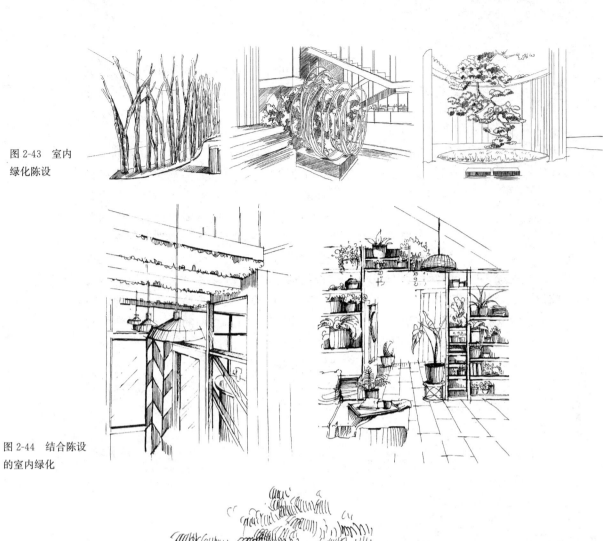

图 2-43 室内
绿化陈设

图 2-44 结合陈设
的室内绿化

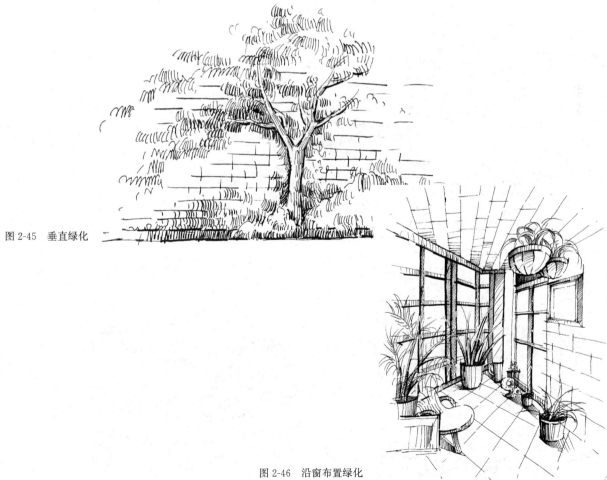

图 2-45 垂直绿化

图 2-46 沿窗布置绿化

2.3 种植手法与规律

无论室内绿化还是风景园林设计的手法，都离不开对植物特性的深刻了解，以及对这些特性的巧妙利用和搭配。

2.3.1 种植设计的基本原则

1. 主景

主景是植物材料的序列或者模式中的视觉焦点，由于其对观赏者注意力的强烈吸引力，因而在绿化设计中常常具有戏剧性的表现效果。

主景植物常常由尺寸高大、形态优美或特别、质感独特的品种来担当。再辅以对比的设计手法和框景构图，则能更好地表现主景的作用（图2-47）。这里所说的对比，既可以是数量的、质感的、色彩的，也可以是种植间距或种植形式所形成的对比，熟练而自然地将各种手段加以综合运用，才是正道。

2. 比例

设计中的比例概念是至关重要的，而室内种植设计需要以人为空间的主要衡量标准，因此，植物和整个室内环境的比例关系由此而建立。这主要包括两方面的含义，一是各种植物比例与观赏者的直接感受，虽然这种感受会因个体的不同而呈现出差异；二是植物与整个空间的比例关系。

空间的大小会成为植物选择上的限制或有利因素，因为我们的视线是受到物质屏障的限制的。例如，高度为10m的乔木在风景园林中很常见，而如果放在室内，则犹如参天大树一般，只能用在高大的厅堂或中庭之中了（图2-48）。

图2-47 主景

图2-48 洛杉矶迪士尼音乐厅屋顶花园

3. 韵律

韵律是以连续性和此元素与彼元素之间的关联性为特征的，这对于任何艺术形式来说都是非常主要的。植物设计中，色彩和质感的良好韵律感能使观赏者的视线有规律地在空间中移动，从而丰富人们的视觉感受。而种植间距、品种搭配以及形态肌理所形成的韵律感，则是其他艺术元素所不具备的（图2-49）。

4. 平衡

平衡是指植物设计中各个元素之间的相互关系，这对设计师的视觉感知能力提出了要求：如何在有限的空间中恰当运用体积、色彩、线条以及质感等呈现给观赏者。平衡包含静态或动态的平衡，以及对称（图2-50）。平衡应是在对称当中略有差异，从而产生动态感和趣味性。除了少数庄严的场所需要采用严格对称外，大多数采用平衡的手法。

2.3.2 规则式种植设计

规则式种植主要有带状形、方形、圆形或其他几何形状。每一种植物要大小统一，按照图案单元进行重复组合（图2-51、图2-52）。

2.3.3 自然式种植设计

自然式种植设计是模仿自然界的植物生长规律，自然界的植物，无论是一、二株，还是树丛树林，总是生长得生动自然，看上去无规律可循，有的密集一丛，有的孤一崩二，三五散置。其实它也有其独特的规律，否则无法可循，漫无规律，就谈不上有种植手法和规律了。

1. 孤植

孤植是采用较多最为灵活的形式，适宜于室内近距离观赏（图2-53）。其姿态、色彩要求优美、鲜明，能给人以深刻的印象，应注意其与背景的色彩与质感的关系，并有充足的光线来体现和烘托。在室内或室内景园中种植一株孤立的树，主要是为了构图艺术上的需要，并作为欣赏的主景。

图2-49 植物设计的韵律

图2-50 植物设计的平衡

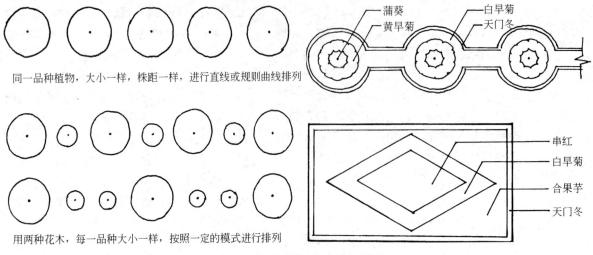

同一品种植物，大小一样，株距一样，进行直线或规则曲线排列

用两种花木，每一品种大小一样，按照一定的模式进行排列

图 2-51　利用多种花木组成图案式花坛

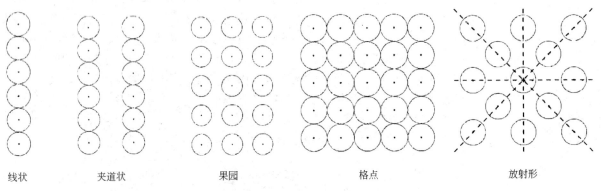

线状　　　　　夹道状　　　　　果园　　　　　　格点　　　　　放射形

图 2-52　典型绿植规则式种植

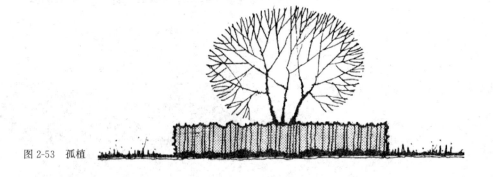

图 2-53　孤植

　　因此，必须选择体形和姿态均要美的树作孤植树。例如榕树、香樟、柠檬桉、南洋杉、槟榔、鱼尾葵、无花果等树木，都能给人以美的艺术感染。

　　孤植树宜植于人流交叉的中心，作为人流分道、环绕，并作为主要观赏物。孤植树宜植于道路转弯处，作为诱导、焦点树。

　　孤植树宜植于草坪上，平坦而绿茵茵的草坪能更好地衬托出其优美的姿态。孤植树在室内景园中宜与山石配合，石宜透

漏生奇，树应盘曲苍古，别有情趣。孤植也宜种植在墙前窗下，以墙为纸，以树为绘，如立体的画。

　　2. 对植

　　对植在规则式种植构图中，对称种植的形式无论在通道的两侧或门口，是经常应用的。自然式种植的对植是不对称的，而是均衡的。最简单的对植形式是运用两株独树，分布在构图中轴线两侧。但必须采用同一种树，而大小、姿态又必须有区

别，动势要向中轴线集中；与中轴线的距离，大树要近，小树要远；两树种植点的连线不能垂直中轴线（图2-54）。

对植，也可一侧为一株大树，另一侧为同种的两株小树；也可以是两个树丛或树群。但是树丛和树群的组合树种，左右必须相近。当对植为三株以上植物配合时，可以用两种以上的树种。两个树群对植，可以构成夹景。

3. 群植

一种是同种花木组合群植。它可充分突出某种花木的自然特性，突出园景的特点；另一种是多种花木混合群植（图2-55）。它可以配合山石水景，模仿大自然形态。配置要求疏密相间，错落有致，丰富景色层次，增加园林式的自然美（图2-56）。一般是姿美、颜色鲜艳的小株在前，型大浓绿的在后。

依照是否可以更换、移动，又可分为固定、不固定两种配置形式。固定形式是指将植物直接栽植在建筑完成后预留出的固定位置，如花池、花坛、栏杆、棚架及景园等处。一经栽培，就不再更换。不固定形式是将植物栽植于容器中，可随时更换或移动，灵活性较强。另外还有攀援、下垂、吊挂、镶嵌、挂壁形式，以及盆景、插花和水生植物的配置形式（图2-57）。

群植的树丛通常由两株到十来株较大的树组成，亦可再加入几株灌木，作为植物构图上的主景。树丛主要表现的是树木的群体美，同时在统一的构图之中也要注意到其个体美。

树丛在作用上，可做主景用，也可作诱导或作配景用。作为主景或焦点时，可配植在大厅堂中央、草坪中心、水边或土丘之上；作诱导用可以植于通道的近端，或道路转弯以及室内的角隅；也可以在为这些地方作屏障，起到对景及配景的作用。

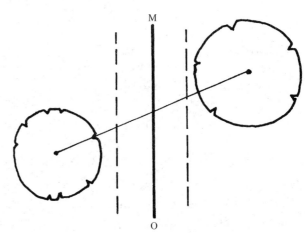

图 2-54 均衡对
称种植

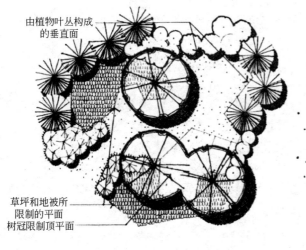

由植物叶丛构成
的垂直面

草坪和地被所
限制的平面
树冠限制顶平面

图 2-55 多种
花木混合群植

53

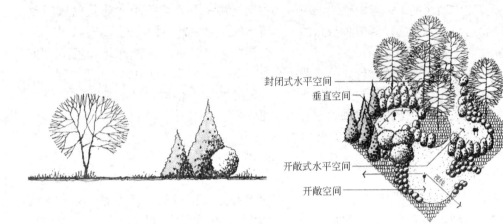

封闭式水平空间 ———
垂直空间 ———
开敞式水平空间 ——→
开敞空间 ——→

图 2-56　景观层
次分明的群植

图 2-57　吊挂、下垂、挂壁形式

在室内景园中，树丛主要起观赏作用，人们可以进入景中观赏或休息。以观赏为主的树丛可以乔木灌木混合种植，可以配以山石和多年生花卉，使之成为一定的植物群落自然混合生长。

以下是几种不同的种植形式举例（图2-58～图2-67）。

植物的配置需十分注意所在场所的整体关系，把握好它于环境其他形象的比例尺度，尤其是与人的动静关系，把植物置身于人视域的合适位置。如为大尺度的植物，一般多盆栽于靠近空间实体的墙、柱等较为安定的空间，与来往人群的交通空间保持一定的距离，让人观赏到植物的杆、枝、叶的整体效果。

中等尺度的植物可放在窗、桌、柜等略低于人视平线的位置，便于人观赏植物的叶、花、果。小尺度的植物往往以小巧出奇制胜，盆栽容器的选配也需匠心，置于橱柜之顶、搁板之上或悬吊空中，让人全方位来观赏。

从植物作为室内绿化的空间位置和所具形态来看，绿化的配置不外乎是水平和垂直两种形式。由于植物中乔、灌木及花草各有不同的形象特色，以树干形态、枝叶色泽，或以花叶扶疏来吸引人。室内绿化的配置应抓住这些形象特色，发挥出它们最富有表现力的形象特征，以点、线、面的不同格局创造丰富的水平和垂直向的绿化效果（图2-68～图2-71）。

图 2-58　孤植式

图 2-59　对植式

图 2-60　多种花木混合群植式

图 2-61　吊挂式

图 2-62　固定式

图 2-63　不固定式

图 2-64　攀援式

图 2-65　镶嵌式与壁挂式

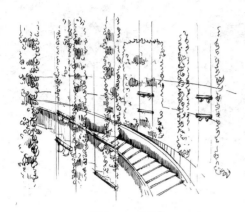

图 2-66 下垂式

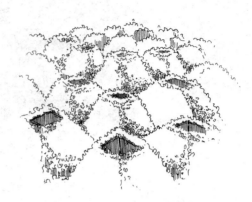

图 2-67 同种花木组合群植式

图 2-68 点配置的绿化

主要选用具有较高观赏价值的植物，作为室内环境的某一景点，具有装饰和观赏两种作用。应注意它的空间构图及与周围环境的配合。

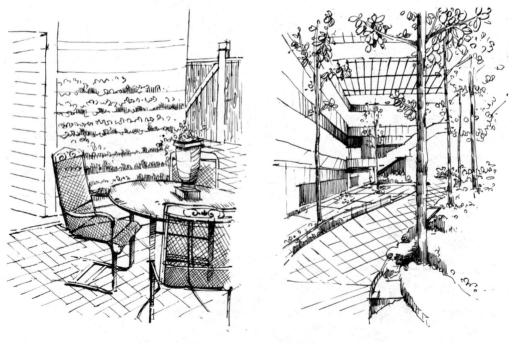

图 2-69 线配置的绿化

选用形象形态较为一致的植物，以直线或曲线状植于地面、盆或花槽中而连续排列。常配合静态空间的划分，动态空间的导向，起到组织和疏导的作用。

图 2-70 面配置的绿化

最好选用耐旱、耐阴的蔓生、藤本植物或观叶植物。在空间成片悬挂或布满墙面，给人以大面的整体视觉效果，也可作为某一主体形象的衬景或起遮蔽作用

图 2-71 体配置的绿化

是一种具有半室内、半室外效果的温室和空间绿化，也可称为室内景园，多用于宾馆或大型公共建筑。在一般的住宅中，对阳台加以改造，也可以创造精彩的绿化空间

下面就两株、三株、四株至八九株植物自然式种植规律分析如下：

（1）两株的配合

两株植物配合，也须符合多样统一的原理，这就要求所选用的两株树木必须有共相，才能统一；又必须有殊相，才能有变化和对比。差别太大的两株树，如南洋杉和台湾柳、槟榔和无花果配合在一起，一定会失败的。两株的树丛最好选用同一种树，只是这两株树的姿态、大小、动势上要有区别（图 2-72）。这样这两株树既有共相，又有殊相，有统一又有对比，而且生动活泼。两株一丛，宜一仰一俯，一直一猗，一向左一向右，一平头一锐头。

不同种或不同品种的树，如果外观上十分相似，也可以配植在一起。例如，女贞和桂花，为同科不同属，但是由于同是常绿阔叶乔木，外观又很相似，所以配植在一起十分协调。有的虽是同种，但分别是不同变种和不同变型，外观差异太大，

图 2-72　两株过分雷同
只有共相，没有殊相，构图呆
板，不生动。

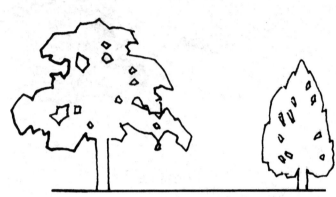

图 2-73　两株只有对比，没有统一，只有殊相没有共相

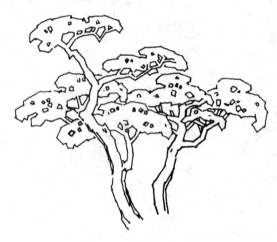

图 2-74　两株树木的配合

培植在一起也不会调和（图 2-73）。

　　两株的树丛，其栽植举例必须靠近，两树的树枝或树冠要有穿插碰合，否则就变成两株独立的树，成为对植，而不是树丛了（图 2-74）。

　　两株为同一树种，由于大小姿态各异，左顾右盼，有向有背，有俯有仰、去就争让，具有对比与统一。

　　（2）三株树丛的配合

　　三株一丛，最好为同一树种，或外观类似的两个树种，忌用三个不同树种。

　　三株为同一树种，其大小、高低、树姿都要不同。三株中最大的 1 号（图 2-75）与最小的（3 号）应靠近成为一组，次大的（2 号）散开，离得远一些为另一组，三种种植点不在一条直线上，种植点连线为不等边三角形。这样安排构成，既有大小、聚散、疏密的对比，又有共相（树种相同），达到调和统一，并且自然生动。

　　这样我们就找到了一个重要的规律，就是自然式种植要依照不等边三角形法安排种植。三株由两个树种配合，树种相差不要过大，最小一株为另一个树种，然后按不等边三角形法和以上规律安排种植即可（图 2-76）。

　　（3）四株树丛的配合

　　四株种植，可先按三株种植法安排好三株，然后再按照不等边三角形构成法与前三株的两株再构成一个不等边三角形。

　　如图 2-77 所示将第四株植于 A 点，4 和 1、2 构成不等边三角形，与 1、3 也构成不等边三角形。将第四株植于 B、C、D 点同样是可以的。

（4）四株以上树丛的配合

四株以上树丛的种植设计可在前图的基础上，按照相近的三株构成不等边三角形，相邻的三株不在一条直线上，两组要一大一小的原则，将第五株、六株、七株……添植在两组的附近即可。多株种植也可以按照大、中、小三组进行组合。在设计上始终要注意的是疏密、聚散、大小的对比（图 2-78）。

香山饭店主庭院种植设计（图 2-79、图 2-80）。

居室的绿化设计实例见图 2-81。

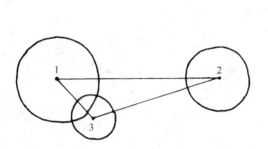

图 2-75 三株树木的配合（一）

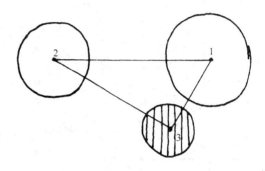

图 2-76 三株树木的配合（二）

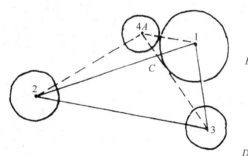

图 2-77 四株树木的配合

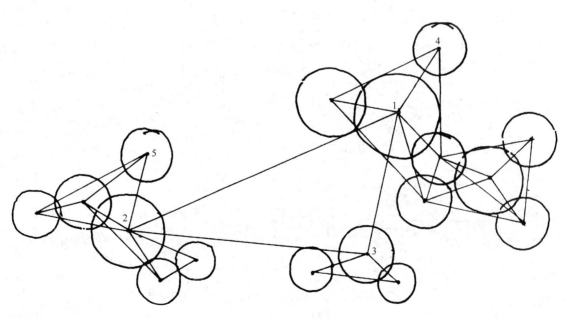

图 2-78 多株树木的组合

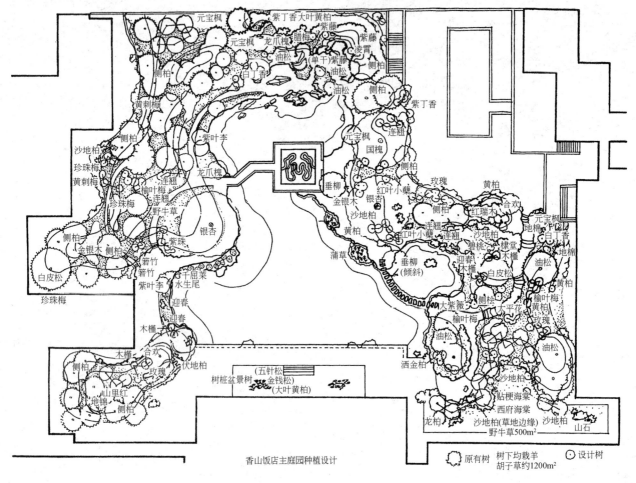

元宝枫　紫丁香大叶黄柏
紫藤
元宝枫　龙爪槐 腊梅　紫藤
油松　单干紫藤
侧柏 凌霄
白丁香　油松
油松　侧柏
侧柏
紫丁香
元宝枫　连翘
垂柳 国槐
玫瑰
黄柏
红叶小檗
合欢
侧柏 红瑞木
元宝枫
沙地柏　银杏 地棉
沙地柏　碧桃　棣棠 白丁香
黄柏　红叶小檗 连翘 木槿　地棉
蒲草 迎春　木槿　白皮松 油松
垂柳 黄柏
(倾斜) 侧桧 榆叶梅
大紫薇　太平花 黄柏
榆叶梅 玫瑰
油松
洒金柏 油松
沙地柏
贴梗海棠
西府海棠
龙柏　沙地柏(草地边缘) 沙地柏 山石
野牛草500m²

侧柏
沙地柏
珍珠梅
黄刺梅
珍珠梅
榆叶梅
紫叶李
龙爪槐
连翘
连翘
野牛草
银杏
侧柏 紫珠
金银木 侧柏
箬竹
白皮松 箬竹 紫叶李
千屈菜
水生尾
迎春
珍珠梅 迎春
木槿
木槿 合欢
侧柏 伏地柏
玫瑰
山里红
地棉
侧柏

(五针松
树桩盆景树 金钱松)
(大叶黄柏)

香山饭店主庭园种植设计

〇 原有树 树下均栽羊
胡子草约1200m² ⊙ 设计树

图 2-79　香山饭店主庭园种植设计（一）

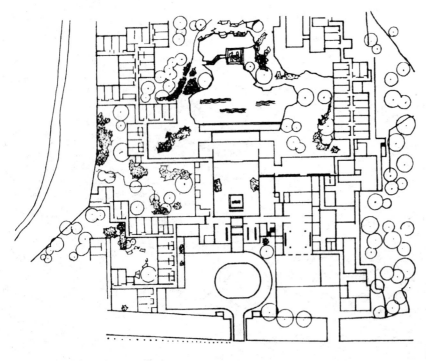

北京香山饭店平面

图 2-80　香山饭店主庭
园种植设计（二）

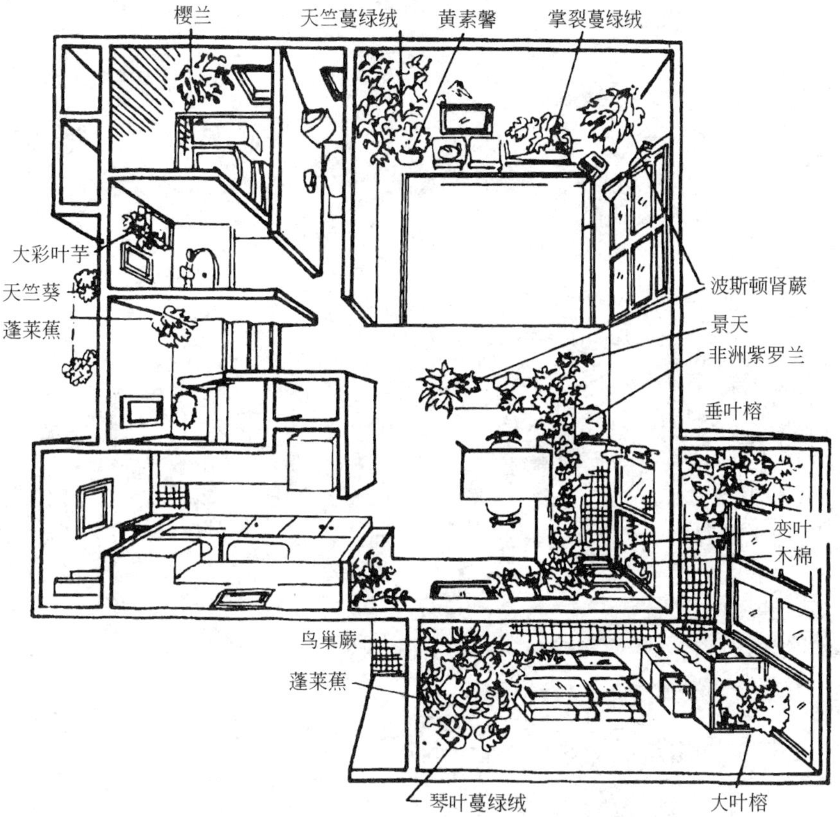
樱兰
天竺蔓绿绒
黄素馨
掌裂蔓绿绒
大彩叶芋
天竺葵
蓬莱蕉
波斯顿肾蕨
景天
非洲紫罗兰
垂叶榕
变叶
木棉
鸟巢蕨
蓬莱蕉
琴叶蔓绿绒
大叶榕

图 2-81　居室的绿化设计实例

2.4　绿化植物的陈设与种植

在绿化设计当中，容器和照明是植物陈设最关键的元素，需要将它们配合以达成完美的效果。植物主体的颜色和大小应该和容器的颜色和造型协调起来，并根据植物的特性和室内环境搭配光照。对于体量小，数量少的绿化植物需要结合室内陈设，起到点缀、美化的作用。

2.4.1　种植容器

相对于室外庭园，室内景园和绿化更多地依赖各种容器来种植植物，包括花盆、花篮、种植槽等（图 2-82）。植物材料绝大部分种植于各式的盆、钵、箱、盒、篮、槽等容器中（图 2-83）。由于容器的外形、色彩、质地各异，常成为室内陈设艺术的一部分。室内绿化植物的种植容器分为普通栽植盆、套盆和种植槽 3 种类型。套盆也称外盆，它的底部没有排水孔，主要作用是套在普通栽植盆外面，起隐藏和装饰作用；种植槽也是一种底部设有排水孔的容器。若将普通盆用于室内种植，须加套盆或集水盘，防止水分流出。

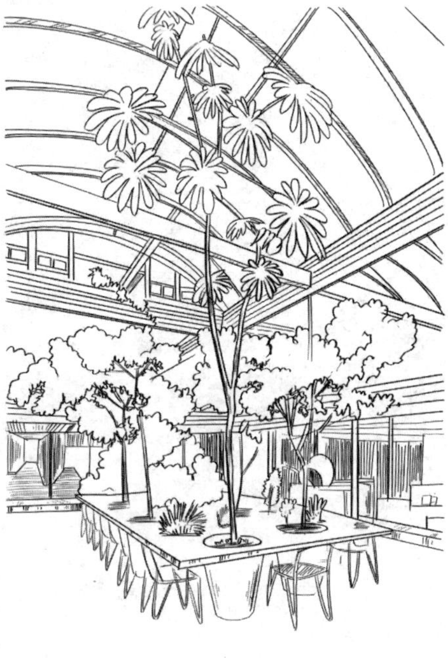

图 2-82　室内绿化容器

海螺盆　　　　　玻璃器皿　　　　　　玩具型盆

陶土、紫砂、瓷器花盆　　木制花盆　　竹盆　　金属盆　　塑料及玻璃纤维盆

瓷套盆

塑胶套盆

半边形条编及塑料挂盆

竹藤柳草编套盆

木套盆　　富野趣的仿陶套盆及瓷形套盆　大理石套盆

吊架

挂壁式花架

盆架

积木式花架

各种式样的金属花架　　圆木、枯木及树根花架　　传统木制花架

图 2-83　花器——花盆、套盆与花架

图 2-84　容器材料

要满足植物生长要求，容器首先应有足够体量容纳根系正常生长发育，具备良好的透气性和排水性，坚固耐用。固定的容器要在建筑施工期间安排好排水系统。移动的容器，常垫以托盘，以免玷污室内地面。

容器材料有黏土、木、藤、竹；陶质、石质、砖、水泥；塑料、玻璃纤维及金属等（图 2-84）。黏土容器除保水、透气性好外，还有外观简朴、易与植物搭配的优点。但在装饰气氛浓厚处不相宜，需在外面再套以其他材料的容器。木、藤、竹等天然材料制作的容器，取材普通，具朴实自然之趣，易于灵活布置，但坚固、耐久性较差。陶制容器具多种样式，色彩吸引人，装饰性强，目前仍应用较广，但重量大、易打碎。石、砖、混凝土等容器表面质感坚硬、粗糙，不同的砌筑形式会产生质感上有趣的变化。因它们重量大，设计时常与建筑部件结合考虑而做成固定容器，其造型应与室内平面和空间构图统一构思，如可以与墙面、柱面、台阶、栏杆、隔断、座椅、雕塑等结合。塑料及玻璃纤维容器轻便，色彩、样式很多，还可仿制多种质感，但透气性差。金属容器光滑、明亮、装饰性强、轮廓简洁，多套在栽植盆外，适用于现代感强的空间。

容器的外形、体量、色彩、质感应与所栽植物协调，不宜对比强烈，或喧宾夺主，遮掩了植物本身的美。同时要考虑到应与墙面、地面、家具、顶棚等装饰陈设相协调，和建筑构件相结合（图 2-85）。

还有许多意想不到的容器，容器的种类是与你的想象力成正比的（图 2-86）。例如，无色透明的广口瓶玻璃器皿，选择植株矮小、生长缓慢的植物，如虎耳草、豆瓣绿、网纹草、冷水花、吊兰及仙人掌类等植于瓶内，配植得当，饶有趣味，瓶栽植物可置于案头，也可悬吊。简捷、大方、透明、耐用，适合于任何场所，并透过玻璃观赏到美丽的须根、卵石。

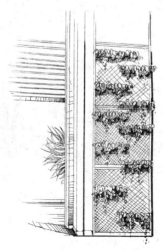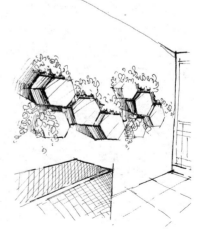

图 2-85　容器和建筑构件结合

窗边的种植盒可以固定在窗框上。当然，如果墙体够宽，则可在窗台上内嵌种植盒或槽。同样，长条形的种植盒可以修砌在围栏上，使得攀援植物可以顺着围栏或墙体而攀援。总之，种植植物容器的选择，应按照花形选择其大小、质地，不宜突出花盆的釉彩，以免遮掩了植物本身的美。容器的材料更多了，位置更丰富了。

图 2-86　雕塑艺术作为种植容器

种植箱的选择，种植箱由于有较大的尺寸和较深的土壤，因而有利于大株植物的生长，使得植物品种的选择范围增加了。所有的种植箱，无论大小、尺寸如何，都必须有足够的排水装置。相对于花瓶而言，种植箱更像是室内景观的一种"固定"陈设，因而在设计和制作中更应注意其与周边设施的美学及构造关系。

种植箱的另一个优点是可以容纳茂盛的灌木或植物组合，这对于保持不同季节植物色彩的变化搭配是非常理想的做法。也可以将花盆放置在种植箱内，这样更换植物则更为方便。

2.4.2　陈设方式

室内绿化植物一般可采取如下方式陈设：置于地板上（适于较大型的盆栽，特别是形态醒目，结构鲜明的植物），甚至直接种植在地上；置于家具或窗台上（适于较小型的盆栽，因为只有将它们置于一定的高度，才能取得较好的观赏视角，从而具有理想的观赏效果）；置于独立式基座上（适于具有长而下垂茎叶的盆栽）。为了与室内装饰的风格协调，可选用仿古式基座（如根雕基座），或形式简洁的直立式石膏基座、玻璃钢仿石膏基座；悬吊于顶棚（适于枝条下垂的植物，如吊兰、鸟巢蕨等。悬吊可以使下垂的枝条生长无阻，而且最易吸引人的视线，产生特殊效果）；附挂于墙壁之上（适于蔓性植物和小型开花植物，特别是在狭窄的走廊中）。蔓性植物常用来勾勒窗户轮廓，开花植物凭借其艳丽色彩与淡雅的墙面形成对比。门也是不错的位置，那将使客人踏进室内之时，便留下美好的印象。栏杆扶手常常是被人们所忽略的地方，但却是陈设植物的好载体——既不妨碍交通，又有适当的观赏角度；一个普通的茶几，只是由于植物摆放位置的变化而变得新颖别致（图 2-87）。

总之，无论是窗台、书架、壁炉，还是台阶、家具，只要其尺度合适，都可以成为摆放植物的载体。我们必须把这些物体看作是微型的舞台和理想的展示场所，只要避免混乱就可以。需要强调的是，一定要注意植物与其周围物品之间的关系，这些物品也许是书籍、背面墙上的镜子或绘画，或者是有图案的壁纸。当然，在设计之初，就要充分考虑这些台面的宽度、高度、位置以及周围的物品等。

布置在交通中心或尽端靠墙位置的，也常成为厅室的趣味中心而加以特别装点。这里应说明的是，位于交通路线的一切陈设，包括绿化在内，不应妨碍交通和紧急疏散时不致成为绊脚石，并按空间大小形状选择相应的植物。如放在狭窄的过道边的植物，不宜选择低矮、枝叶向外扩展的植物，否则，既妨碍交通又会损伤植物，因此，应选择与空间更为协调的修长植物。

图 2-87　绿植的室内陈设方式

2.4.3　植物与照明

光——无论是直接光还是反射光，自然光还是人工光，都会对绿化设计的最终效果产生最直接的影响。白天以自然光促进植物健康生长，结合建筑空间的朝向和位置，决定如何运用自然光展示植物。北大 35 号楼地下中庭通过玻璃屋顶补充了室内光照，一方面维持绿植的光合作用，另一方面在绿植墙上营造特殊的光影效果。伦敦横木屋顶花园木格框架屋顶让自然光渗透到园景中，营造了一个半开敞的玻璃房环境，让人们欣赏花园中昼夜晨昏的光影变化（图 2-88）。

在光照度低的室内或者是阴雨天，应该补充人工光源。人工光能戏剧性地改变

植物的重点、比例和形式感觉，一方面能改善植物的光照条件，促进植物生长（适宜使用日光型荧光灯）。另一方面光照能营造特殊的夜间气氛（适宜使用聚光灯或泛光灯），植物在光照射下产生的阴影效果又具有独特的魅力。例如，以光束的集中照射、强调植物形状、色彩和质感的美，并通过光与影的相互作用使原本普通的植物变得独特，达到奇妙的效果。于是植物便成为室内空间的视觉中心了。

现代照明技术为我们展示绿化植物开辟了更为广阔的途径，要考虑不同光照方式下植物的效果，通常根据植物的形态和高低选择合适的角度配置光束（图 2-89、图 2-90）。例如，投射照明能产生强烈的

图 2-88　室内绿
化自然光照明

北大35号楼地下中庭　　　　　　　　　　　横木屋顶花园

投射光照明　　　　泛光照明　　　向上照明　　　　　背面照明

图 2-89　植物光照方式

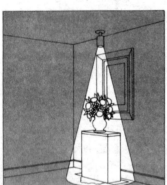

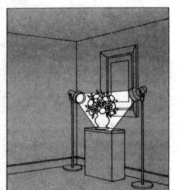

图 2-90　植物光照角度

视觉重点；泛光照明则产生柔和的光影效果。向上照明方式是把灯光设在植物前方，主要目的是在墙上产生戏剧性效果的阴影；背面照明方式是将灯光隐藏在植物后方，使植物在背光的情况下产生晦暗的轮廓，产生玲珑剔透的效果。但应注意摆放时不宜放于紧靠光源的地方，其散发的热量会灼伤叶片，两者应有一定距离。如离白炽灯泡宜 60cm 远。

结合具体的室内环境布置灯具，将灯槽内置于墙壁和吊顶中，或者结合室内陈设、植物、水景将灯槽隐藏起来。也可以进一步营造特殊的意境，将灯光和花草树木、装置艺术、雕塑、廊架等巧妙组合，利用悬浮、剪影、落影、内透、涂鸦的灯光效果，缔造大胆、奇特的视觉享受。

不同色温的灯光能给人冷暖、轻重变化的情感体验，应该根据空间用途、植物配置、室内陈设等因素选择相匹配的灯光，创造出各具特色的艺术风格（图 2-91）。办公空间应该选择冷色光，营造明亮、愉悦的空间效果，白光也能细致地表现植物的轮廓和层次感。休闲商业空间应该选择中性色光，形成热闹、活跃的氛围，另外还要为绿植景观搭配相应的艺术照明。家居空间应该选用暖色光，给人舒适、柔和的感受，同时运用装饰灯光点缀个别的盆景、花卉。

办公空间照明　　　　　　　　餐厅照明　　　　　　　　客厅照明

图 2-91　建筑室内绿化照明（彩图见附页）

参考文献

[1] 顾小玲. 植物景观配置设计 [M]. 上海：　　　　　上海人民美术出版社，2008.

第3章　室内景园

室内景园是综合性的利用植物、水、石等多种材料或者是多株植物的组合搭配等手段，在室内空间创造的绿化景观。室内景园使室内具有一定程度的自然和野外气息，既丰富了室内空间，活跃了室内气氛，又可调节室内的物理环境，并且人的心理环境也随之改善，从而达到愉悦人们身心的目的。特别是在室外缺乏绿化场所或所在地区气候条件较差时，室内景园开辟了一个不受外界自然条件限制的四季长春地。

当代的室内景园一般在室内中占据较大面积，好似室内的花园。在室内景园的发展过程中，风格类型逐渐丰富，并与建筑、家具和其他室内构件一起共同建立了密切的联系。

3.1　绿化植物的建造功能

绿化植物具有独特的空间塑造功能，可营造出其他元素难以达到的空间感。这些空间感由地平面（地面）、垂直面（墙面）和顶平面（顶棚）单独或组合，从而构成实质性的或暗示性的区域范围或围合。植物可以用于空间的任何平面或部位，构成很多建筑空间界面，如墙面、顶棚、地面，以及屏障、棚罩、栅栏、地面覆盖物等。

3.1.1　"墙"

植物在垂直面上对空间的塑造功能最为多样和丰富，通过树干、绿篱、爬藤和下垂的枝条等具体设计手段分隔空间阻挡视线。首先，树干就如同柱子一样，多是以暗示的方式，而不是仅仅以实体限制着空间，形成了"树墙"（图3-1）。其封闭程度随树干的大小、疏密以及种植形式的不同而不同。而且垂直面的封闭程度也与季节有关，这正是"树墙"的独特魅力之处。夏季枝叶繁茂的时候，围合感强，而当冬季只剩下枝丫时，

围合感就弱，甚至视线都可穿过（图3-2）。其次，墙可以由一排树或绿篱来形成，这堵墙的高度随着从高到低的变化，其对空间的限定作用也逐渐降低，从而起到类似"围墙""栏杆"或"屏障"的作用。而下垂的枝条也可以营造"墙"，其对空间构成虚化划分（图3-3）。此外植物与构筑物相结合能形成"可移动的墙"（图3-4）。

"墙"对空间的限定作用包括行为和视觉两方面。低于视平线的"墙"虽然能阻隔人们的脚步，但对视线却没有影响，人们的视线可以自由地穿越其上方。但同样能达到障景、挡风、塑造私密性等目的（图3-5）。而这种对人们视线和行为的控制，也可以通过单株植物、植物群，或者植物与其他园林要素来沟通构成。

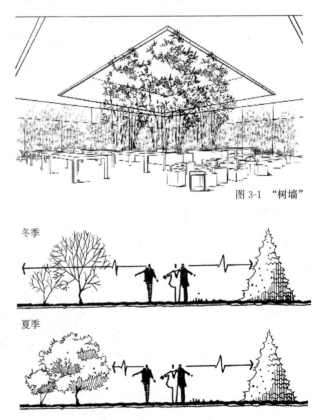

图3-1 "树墙"

冬季

夏季

图3-2 "树墙"的季节变化

68

图 3-3 下垂枝条营造"墙"

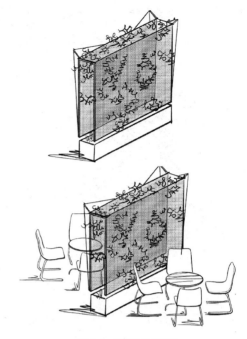

图 3-4 "可移动的墙"

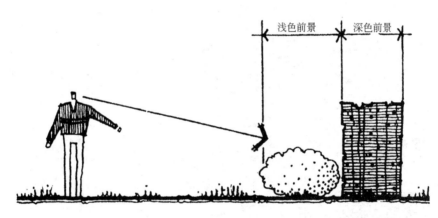

图 3-5 "墙"对空间的限定

3.1.2 "顶棚"

"顶棚"可以由树冠或藤蔓交织覆盖来强化，它既可以是全部也可以是部分围合空间。当树冠或交织的藤蔓占据顶上空间时，能为人们提供树阴遮盖和保护，而相同高度的树冠相连，这种覆盖作用就会更强。当树冠占据顶界面，人们则可以自由地穿行在树冠下面，形成"伞下"空间（图 3-6）。其次，藤蔓可以借助建筑攀爬而上，交织形成的"顶棚"（图 3-7）能为人提供遮阴功能，其下方的空间则可作为人休憩乘凉的场所。此外植物还可以与装置结合形成"可变的伞下空间"（图 3-8），调节装置可以改变空间的私密性。

3.1.3 地面覆盖物

地面覆盖物常由地被植物来构成，

图 3-6 "伞下"空间

以不同高度和种类的地被植物或矮灌木来暗示空间的边界，从而形成虚拟空间。一般来说，地被植物对人们的视线和脚步行为都没有限定性的控制，但它能通过材质、肌理、尺寸、色彩的对比形成虚拟的心理空间，进而暗示空间范围的不同（图 3-9）。

图 3-7 藤蔓式"伞下"空间

图 3-8 "可变的伞下空间"

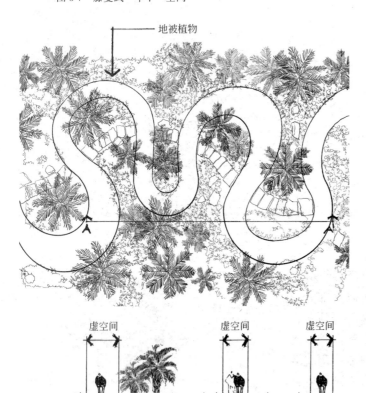

图 3-9 通过材质对比形成虚空间

3.2 室内景园的分类

室内景园的风格包罗万象,并且随着技术的发展,风格形式也在不断创新中。然而这些风格之间并没有明确的分类界限,不是非黑即白的,而是交叉融合的;因此,不必对各类风格进行非此即彼的定义,而是从构成材料和风格两种角度进行概括和归纳。

3.2.1 按照构成材料分类

1. 植物景园

植物景园就是以植物材料为主的景园。从形式上看大体包括自然式植物景园、盆景园、草景园、水生植物园等形式。

（1）自然式植物景园

自然式植物景园就是以植物为主的仿效自然界植物景致的景园，其以"师法自然"的设计手法传承古典园林的精髓，甚至用人工种植来营造自然景象。并以紧凑的布局、丰富的层次、多彩的形态以及多变的景致为游览者提供了优美而丰富的文化意境。

自然式植物景园主要是通过一定的手法用不同植物构成一定的意境，使其成为具有艺术感染力的园景，引人遐想，引人入胜，而不能单是几株植物的堆砌。设计时，可以把它看作是微缩的自然景园，或者是自然景物的一部分，从而塑造出更为强烈的视觉效果。还可以通过把自然环境和人工布局的山水花木、建筑物有机结合来实现人与自然的融合的效果，同时营造可居可游的室内景园。

从精神层面来说，利用植物组成景致，选用什么品种是很重要的。因为不同的植物含有不同的寓意，有不同的观赏效能，能渲染不同的意境。例如一丛修竹给人以幽静、坚贞、高洁及虚心劲节的感受；三两株姿态各异的老松给人有经历了历史的沧桑，经风雨战严寒及万古长青的品德；而若以棕榈、椰子组成的景致则给人以南国风光的情调。

具体来说，在利用植物组景中，选材和配植是一项实践性很强的工作，如能合理地挑选，配植得宜，就可以营造出很好的意境，供人欣赏。此外组成景园的配植，必须合理地安排品种，树姿树形及颜色（植物的颜色），并合理地安排主从、前后、聚散、多少，最佳地构出空间层次及获得最佳的艺术效果，才能算是一项完美的造景设计。

"庭园无石不奇，无花木则无生意"，不论所用植物多少，组成的景致简单与复杂，一定要做到既能远观又能近赏。清代文震亨在论庭园花木时说："若庭除槛畔，必以虬枝古干、异种奇名、叶枝扶疏、位置疏密，或水边石际、横偃斜披，或一望成林，或孤枝独秀，草木不可繁杂，随处植之……"这里说出了用植物做景时不仅要选用欣赏价值高的、姿态生动的植物，还要考虑植物的组合效果，要选用组合与单独、远观与近赏均可的植物。并且选用的品种不宜繁杂，要基本统一，否则太杂乱。

在品种的选择上，除传统手法、功能要求和设计者的意愿爱好外，最好能选用乡土品种。如是长寿品种（指树龄），以后还可成为珍品，如北京的白皮松，广州的木棉，福建的榕树，台湾的相思树，重庆的黄桷树，云南的山茶，海南岛的椰树等。以此造景，人们见到它们就会想到它的故乡，给人增加一份情思。

利用植物种植构成的景致供观赏，可分为赏形、赏色和赏香三种。

1）赏形。赏形又包括赏冠、赏叶、赏干。赏冠可远观，植物冠形有圆锥、伞、塔、球、椭圆等形；赏叶宜近赏，有的叶形多奇趣，宜局部作景或作衬景、水局点景，如水葵、龟背、蕨、兰、荷等；赏枝干是指有的植物枝干多奇趣，或横溢多致，或苍古劲拔，或纤藏清隐、垂拂轻舞，如榕的枝干最有风趣，极具观赏价值。其主干浑而多变，枝曲劲横生，根盘根错节，气生根落地成杆。并且它浓郁不调，干拔苍古，枝叶婆娑，极尽古雅风情。

2）赏色。赏色即观赏植物的颜色，例如有的植物叶色碧翠，而有的丹红如醉。按檬桉干直皮白，热带肉质植物色形兼备。

3）赏香。赏香即观赏植物的气味，例如有的植物的花（或叶）具有香味，其香可分为浓香、芳香、幽香等型。

以植物种植构成植物景园，一般有孤植、丛植、带植等诸种形式。

1）孤植（图3-10）。以孤植成景，则要选用姿态生动，有观赏趣味的大树老树，如榕、松、梅等，冠及枝叶俱佳者，多为风致型的植物。然而，现代自然式植物景园中，孤植形式聚焦的并不一定是植物的造型，而是植物如何能够更好的与家具、室内构件或建筑融合起来，因此这类手法在现代植物景园的设计中已屡见不鲜。

2）丛植（图 3-11）。丛植的形式有两种。一种是用二株到三五株植物组成丛林式。此种方法多选用单一树种或相近树种，注重挑选植株的姿态，选用的植株要生动多姿；另一种是选用多株或多种植物，可有大有小、高低错落，以更加自由的形式组成植物群落。此法重在塑造出自然植物群落的生动趣味，既要注意林冠的变化，又要注意植物的聚散、主次和前后的安排。

（2）盆景园

盆景园（图 3-12）就是利用多盆不同形式及品种的盆景组成的景园。盆景园中每件作品都是经过艺术加工的，使人们能一件件地欣赏，以达到吸引人们在此逗留的目的。盆景园中作品大多较小，可设计成台架式，能适合人们的视觉效果。总之，这种形式占地少且灵活，易更换，趣味性强，适合近观慢赏，能取得意想不到的观赏效果。另外要注意流向设计的总体效果。

图 3-10　孤植

图 3-11　丛植

图 3-12　盆景园

72

（3）草景园

草景园（图 3-13）就是以草地为主的景园，它是整个景园的基调，使景园焕发生气，给人一种简单的美。若在草坪上添植少许宿根花卉或地被植物，如射干、萱草、马蔺、水仙、风信子、小黄柏、沙地柏、紫叶小檗等，便能带来乡村野趣。

图 3-13 草景园

（4）水生植物园

水生植物园就是在室内开设水池，池中种植水生植物为主的景园。据统计，水生植物的种类极为繁多，大多数是宿根或球根植物。其中，宿根植物包括千屈菜、水葱等；球根植物包括慈菇、荸荠等；根茎植物则包括荷花、睡莲及水生鸢尾类等。此外，水生植物园选用的植物从广义讲还包括沼生及湿生草本植物。

从水生植物的习性角度来看，其对于水分的要求，因种类不同有较大的差异。因此，依其生态习性及与水分的关系大致可分为以下几类：

1）挺水植物。挺水植物就是根生于水中泥土中，茎叶挺出于水面之上的水生植物。它们一般生长在浅水至 1m 左右的水中，有的也可在沼泽地生长，其包括荷花、菖蒲、香蒲、装白、水生密尾、芦苇、千屈菜、水葱等。

2）浮水植物。浮水植物就是根生于泥中，叶片浮于水面或略高出水面的水生植物。其因种类不同可生于浅水至 2～3m 之深的水中，其包括睡莲、玉莲、芡茨、菱及菩菜等。

3）沉水植物。沉水植物就是根生于泥中，茎叶全部沉于水中，或水浅时偶有露于水面的水生植物。其包括眼子菜类、苦草、莼菜、玻璃藻及黑藻等。这类植物甚至可生长于 5～6m 深的水底。

4）漂浮植物（图 3-14）。漂浮植物就是根伸展于水中，叶浮于水面，随水漂浮流动，在水浅处可生根于泥中的水生植物。其包括苹、满江红、水整、凤眼莲、浮萍及大藻等。

知道植物的习性，就可以设计出深浅不一的水池，以利于安排植物种植。对于水底泥土的选择，则以选用多年且无污染的河泥、湖泥为好。同时为了更好地观赏，水生园中最好选用挺水、浮水植物。此外，如果在清澈见底的水池底部植种沉水植物也别有趣味。

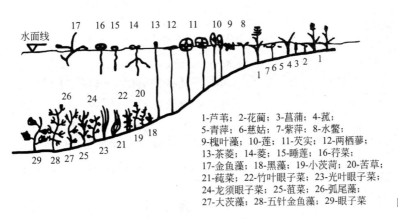

1-芦苇；2-花蔺；3-菖蒲；4-菰；
5-青萍；6-慈菇；7-紫萍；8-水鳖；
9-槐叶藻；10-莲；11-芡实；12-两栖蓼；
13-荼菱；14-菱；15-睡莲；16-荇菜；
17-金鱼藻；18-黑藻；19-小茨藻；20-苦草；
21-莼菜；22-竹叶眼子菜；23-光叶眼子菜；
24-龙须眼子菜；25-菹菜；26-弧尾藻；
27-大茨藻；28-五针金鱼藻；29-眼子菜

图 3-14 漂浮植物的生长深度

简而言之在设计中，应以水为纸，以植物为描绘的对象，像绘画创作一样创作出一幅幅精美动人作品。这就要求植物安排既不能太实太多，又不能过少。因所选用的植物种类不同，聚散安排不同，"作品"也会给人带来不同的感受（图3-15）。

图 3-15　水生植物园

图 3-16　苏州博物馆内山石石景园

图 3-17　枯山水式石景园

2. 石景园

石景园就是以石材为主的景园（图3-16）。随着审美观念的转变，在现代石景园设计中，设计更关注抽象概括和景园意境的表达。因此日式枯山水的艺术形式也逐渐被汲取进来（图3-17）以营造巧夺天工的室内石景园。在石景园中常用的石材有锦川石（石笋）、剑石、蜡石、青石、钟100cm深乳石、英石、湖石等。此外，石景园也多以湖石、青石，或多年风化的礁石、花岗石组合来叠造石景，增加室内景趣。或将室外自然石山景引入室内，辅以精美的品石作为点缀，让人伏案细赏。

岩生植物园是岩石与岩生植物、灌木构成的自然式植物园在造景上则更加生动灵活。所选用的石材应朴实无华，以风化多年的普通岩石为好。石块要有大有小但以块大和形状较整表面粗糙的石为好。如花岗石、青石、黄石等。植物以地被植物、宿根花卉和蔓生藤本为主。如各种兰花、菊花、景天、鸢尾、蔷薇、福禄考、毛茛、石竹、虎耳草、百合、卷丹、水仙等类科的植物。这些植物大多是生长缓慢、植株低矮并具有耐瘠地和抗生的多年生植物。还有地锦、合果芋、绿萝、常春藤、法国牵牛、香豌豆、金银花等蔓生爬腕植物。这些植物都非常适合装饰点缀露出地面的岩石，有的还能生长于岩石的缝间。

在石景园中也常有少数小灌木，这些

小灌木的管理粗放，自然趣味强，枝叶优美，而且与其他岩石植物能构成美好的景致（图3-18）。

图 3-18 岩生植物园

3. 水景园

室内水景式庭园就是以水为主要元素的景园，在现代被广为应用。自 Burle Marx 所作圣保罗公寓起，水景园打破以往西洋庭园传统，用流畅自由的回环曲线构设水局，从室外串入室内，使支撑层空间与整个庭景融为一体。到了 20 世纪 70 年代，约翰·波特曼在美国佐治亚州亚特兰大市"桃树广场旅馆"中，设置了一个铺满水面的大型室内水景园。使客房塔楼的承重柱子和通往大厅底层的电梯井屹立在很醒目的水池倒影中。有趣的是，在柱与柱之间伸出的一个个船型小岛，产生了许多不同空间，它们能够供人休息、冷饮和观看透明的电梯，其景色异常宏观别致（图3-19）。

以水作庭，是我国传统庭园设计中的主要形式之一。我国室内水景园，古时以泉、井、景缸等水型为多，如杭州虎跑泉、广州甘泉仙馆、苏州寒山寺荷花缸等。随着社会的发展，水景园的设计更加丰富细致。广州白云山庄旅舍套房厅内的"三叠泉"水景园，壁上出岩三起，假泉顺流三叠，小池作潭，乱石作岸，盆栽巧放，蕨蔓趣生，在不到9m的光棚小院里野趣浓浓，耐人寻味（图3-20）。广州愉园水景园，在厅中央置喷水池，景石因池伏岸，而池边植棕榈数株，当阳光从顶部天窗照下，其呈现的景色极具园林风味。广州白云宾馆（图3-21）厅内的水景园则采用人工顶光、攀藤爬壁、水池石滩及地

毯等构成。这是一些宾馆厅堂水景园的案例图（图 3-22～图 3-25）。

直至今日，现代水景园在形式上更加抽象简洁，不但具有天然风趣，还具有深邃的意境美。其以抽象的水引发观者的遐想，观者也许会联想成池塘、湖泊或是胸襟等。其水体一般是内循环的，是流动的，但流动得不明显。因此水面通常是平静的，能倒映物体的影子，好比一幅画作使空间具有意境美。

图 3-19 美国佐治亚州桃树广场旅馆的水景图

图 3-20 三叠泉小景池

75

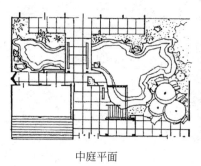

中庭平面

图 3-21　广州白云宾馆中庭

图 3-22　小水景园

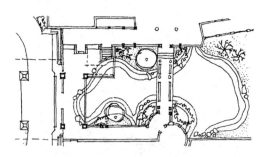

图 3-23　上海龙柏饭店庭园水池平面

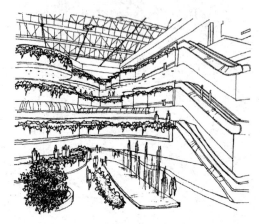

图 3-24　深圳国际贸易中心中庭

图 3-25　泰国 Mega Foodwalk 景观庭院水景设计

随着室内气候控制技术的发展,当前室内水景园的一个趋势是模仿自然界水体形式,尺度也随着建筑空间条件而更大,甚至接近自然水体的尺度,从而更大限度地达到室内空间"室外化"的效果。例如新加坡樟宜机场利用巨大的玻璃穹顶捕获雨水,其与人工水一起从屋顶落下,在建筑中心形成瀑布(图3-26)。而拉斯维加斯威尼斯人酒店则模仿了威尼斯的河、桥、船(刚朵拉),其尺度和室外几乎一样(图3-27)。

以下是各类景园的案例图(图3-28~图3-40)。

图 3-26 新加坡樟宜机场的瀑布

图 3-27 拉斯维加斯威尼斯人酒店的小河

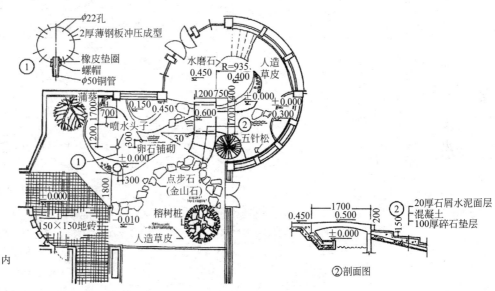

图 3-28 上海龙柏饭店室内庭院设计平面

图 3-29 日式小庭园

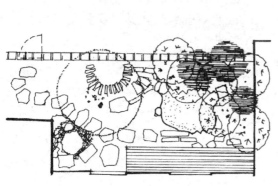

图 3-30　室内景园小景平面

图 3-31　景园中适当布置些形态古拙，质感浑厚的自
然石，可使人为空间环境更显旷邈幽深的天然风韵

图 3-32　室内廊道采用庭园绿化手法
别致多趣

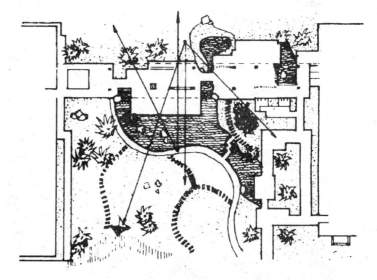

图 3-33　广州东方宾馆新楼底层庭院
把底层架空使水池花木引入室内，建筑平台伸出室外，并在庭园中
设亭廊以调整空间的尺度，增添空间的层次，并形成借景的对象。

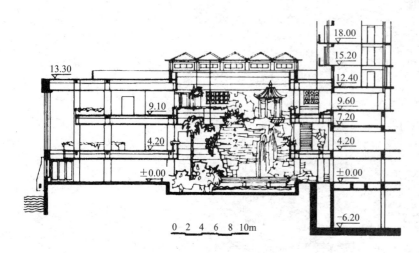

图 3-34　广州白天鹅宾馆
中庭横剖面

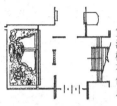

爬虫馆门厅左侧之鳄鱼展览室，采用有空调设置的室内景园手法，构筑池山，又以芭蕉象征热带植物，右侧假山且作山泉小瀑，在花木水石配合下，几尾鳄鱼或爬或伏池岸，或潜游池底，颇富热带气息。

图 3-35　北京动物园爬虫馆室内景园

图 3-36　韩国首尔 Treehouse 住宅景园

图 3-37　美国亚特兰大某公寓内庭车道旁花池式园景

图 3-38　植物是室内空间中最有生命力的要素，它与水结合最宜创造出景致，使空间清爽宜人、生机勃勃，更显得自然化

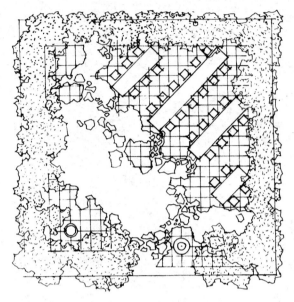

图 3-39　室内水景园平面设计

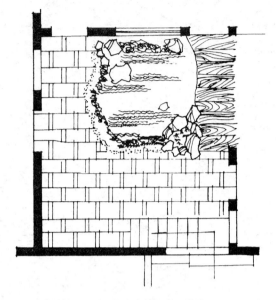

图 3-40　室内水景园平面设计

3.2.2　按照风格分类

构景立意反映了人们对自然的体会、理解和情怀，因此我们可以按照风格大致将室内景园分为抽象化景园、热带雨林风格景园、中式园林风格景园、欧洲古典式风格景园、食用主义风格景园梦幻式风格景园。

1.抽象化风格景园

抽象化风格景园（图 3-41）就是从表象中抽离出自然内核然后以几何化的形式进行表达的景园风格。这种手法最早起源于埃及，而技术的发展为现代抽象化风格景园在形态上的千变万化提供了可能，使其更加圆滑与具有韵律感，以表达最纯粹的情感，同时使空间更具有想象力。抽象化造园理念主要表现在以下几点：

（1）强调自然景观人工化特点，淡化景物的自然特质。在构景中仅仅把景园看作整体构图的一种结构单元。

（2）几何图案式构图，或中轴对称整齐划一，或弯曲、交织、转折、重叠、转换，显示整体的图案美。

（3）景致简约，有清晰的逻辑秩序。

2.热带雨林风格景园

热带雨林风格最大的特点在于使用多姿多彩的热带植物和壮丽繁茂的布置方式来彰显景园自然的风貌（图 3-42）。其主要手法就是将不同叶型的植物通过多样的种植方式进行综合搭配。以大型植物的荫蔽感和小型观叶植物繁多的品种烘托一种置身丛林和舒爽悠闲的气氛。该设计风格适用于面积较大的空间，例如：酒店、购物中心或别墅等，其搭配水景会产生更佳的效果。具体来说，一般利用地栽、附生、攀爬、垂挂等种植方式相互配合来表现热带雨林植物的天然生长面貌。设计中不仅要了解植物的品类和习性，还需要考虑它们之间的层次和遮挡关系，以更好的

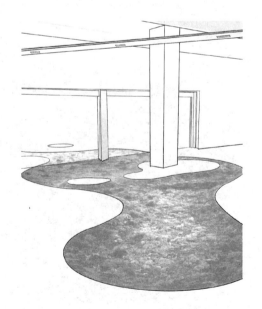

图 3-41　东京 TOKYO FIBER 展览景园

选植与布置植株。此外，因热带植物通常具有硕大的叶片和强劲的长势，设计中应当注意叶型叶色的搭配和植株疏密的变化。设计中主景植物通常选用高大的棕榈科、芭蕉目或桑科榕属植物，并需要搭配攀爬附生类植物。为了更生动的营造雨林氛围，还可以布置造雾设备或采用增加流水景观的手法。在细节上，热带雨林风格的点睛之笔在于小型植物的选择上，可种植少量鲜艳夺目的花卉来达到这一效果。

图 3-42　西雅图　亚马逊公司总部的室内景园

3. 中式园林风格景园

中式园林风格是从中国古典园林中获得启发，利用现代语言形式表达人们对自然景致热爱的风格（图 3-43）。这一风格常借助水、山、雾、石等元素打造出如水墨画卷般的中式意境。其适用于气质内敛含蓄和令人清净安适的空间场所，例如：商业、休闲、别墅等空间，其自然和谐的景象削弱了建筑的违和感和冰冷感。

除了视觉氛围的营造，中式园林风格景园最为关键的精神内核是重视景物的文化属性，进而打造出淡雅、尊贵的气质。此风格继承中国古典园林的造景艺术与手法，例如对景、障景、借景、框景、步移景异等。其对植物的造型要求苛刻，每一

株的造型都要经过精心挑选，植物的选择应与主题相呼应，并且后期对养护修剪的艺术素养要求高。在室内植物的搭配中，要向传统园林汲取营养，并结合室内植物栽植的技术手法进行变化与拓展创新。最后，中式园林风格景园的营造是一项复杂的技术，多种因素协同作用才能呈现出自然独特的景园质感。

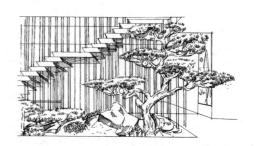

图 3-43　乌克兰 Grosveenor House

4. 欧洲古典式风格景园

欧洲古典式景园风格源自欧洲巴洛克时期的艺术，这一风格在其中提炼出了相应的植物搭配方式（图 3-44）。其营造的景园具有贵族气质，但并不是造价昂贵，而是植物及选材符合古典的氛围与气质。不仅如此，它还营造出古典与现代相碰撞融合的视觉感受，因而适用于面积较大，装饰繁复、华丽的室内空间，例如别墅、购物中心、酒店等。

图 3-44　西班牙　阿尔罕布拉宫 纳西里德宫殿景园

植物搭配方面，在造型上需要表达强烈的对比，植物要茂密凸显奔放、华丽的气质。在色彩方面，小型绿植和花卉的颜色需多样，常用黄色、白色、紫色、粉红色；绿植的叶片色多为深绿色，体现奢华庄重的气氛。大型绿植则多选用耐修剪的灌木、小乔木。总而言之，该风格需要体现出人工雕琢的痕迹，同时也要融入花叶繁杂奔放的植物元素，在鲜明的对比和华美的气质中找到一种平衡。

5. 食用主义风格景园

食用主义风格景园（图3-45）就是用各种可以食用的植物进行绿化的风格。这种风格结合最新的种植科技，打造了未来人居功能生态样板。此外将可食用植物布置在厨房、阳台等地方既装饰了空间，又激发了观者的食欲。此风格适用于追求科技感、新鲜感事的客户，家装及餐厅中都可以采用这种风格。

图 3-45　Segev Kitchen Garden 用香草绿化餐厅

若要以此风格进行室内景园绿化，需要对植物的辅助生长系统进行合理运用。因为大多数可食用植物都需要充足的基础营养元素、光照条件，以及相应的生长容器、设备。具体来说，如便于稳定枝干的三脚架、助于植物攀爬的网、植物的补光灯、通风设备等。随着技术的进步，市面上也出现了综合的植物生长装置，这也推

动了这一风格的大众化。各种各样的辅助构件将与植物一起打造这个耳目一新的室内绿化设计风格。

6. 梦幻式风格景园

梦幻式风格景园（图3-46）是在天马行空的梦幻世界中挖掘出的植物设计风格。这种风格强调从动漫、故事、传说等虚构的世界框架中汲取植物灵感，以赋予植物另一种身份。这一风格因受到年轻人的喜爱常被用于新兴的小众店铺、小型橱窗、展柜中。

图 3-46　孟买 The White Room 居室景园

梦幻式风格景园的设计手法可以参考动漫或插画作品等，以多种颜色的植物细腻地勾勒构想的场景，表达对生活的感悟。植物多选用小巧精致的品种，色彩鲜艳，造型多变，需注重细节的设计，可选用颜色美艳的多肉植物和观花植物，以打造出梦幻的视觉盛宴。在具备一定的微景观知识储备下，植物的组合方式可以大胆尝试。

3.3　水体设计

水是景园中最为奇妙的元素，水体具

有极强的表现力，所以古有"无水不园，园因水活"之说。具体来说，水是一种无色、无味、无形的液体，这使水具备了变幻莫测的可能性，进而可以营造出不同的空间效果。水是透明的，它本身是无色的，所以能呈现载体的颜色；水是无味的，它可以放置在任意空间；水是无形的，它是流淌的、多变的，其形态可以随容器变化而变化。正因为水具有独特的物理性质，景园中的水体设计实质上是对水的载体进行设计。

早在莫卧尔时期的波斯园林和伊斯兰园林中，水体就是庭园中重要的组成部分，它被用来降低温度、营造宁静氛围并起到增加景观立体维度的作用。欧洲文艺复兴时期，人们对于水力学的兴趣兴起，使得水景设施在园林中得到广泛应用。如今，水因其独特的物理特性和逐步兼具的艺术功能，从室外走向了室内。

3.3.1 水体的美学特性

水体的美学特征体现在水之形美、水之色美和水之动静美。首先水体的形状多通过它的载体表现出来（图3-47），因而其变化丰富又极具趣味；其次，水之色山包海汇，水体能反射光线和形成倒影与其他景园元素结合而相映成趣，其妙在能将世间之色囊括其中，使景园别有一番韵味；最后就是水之动静美，也包含水之声美，水体因表现形式的不同可以产生动态和静态的美，同时动态水又可利用水声谱写"自然的乐曲"。因此，人工的室内水体从形态上分为静水与动水（图3-48）。

图3-47 水池的形状随周边的形状而任意变化

1. 静水与倒影

静水最动人的特点在于倒映周围的景物。水体不仅提升了室内物理环境的效果，还使得空间更加明亮，增加了景园的空间感。为了更好地体现其倒映功能，水池池底应采用深色的材料，这样在白天也能形成清晰的倒影。而且，暗色的池底还能增加水的深度感，可掩盖某些支撑结构等。此外水的面积越大倒影的效果越好。在静水与照明结合时，则应避免灯光直接照射在水面上，而应该照亮水面周围的景物，这样才能更好地形成倒影（图3-49）。以及还需要考虑到用水成本和安全的问题，室内景园中的水池都不宜过深，多数情况下为3~5cm左右。

2. 动水

动态是水最自然的形式特征。水在室内景园中所表现出来的形态，取决于承载它的水池、喷头、出水口或瀑布落水边缘的形态（图3-50）。因此仅是落水边缘细微的变化，就可以塑造截然不同的瀑布效果。总体来说在现代室内景园中，动态水

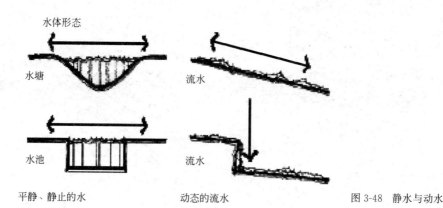

水体形态

水塘　　　　　　流水

水池　　　　　　流水

平静、静止的水　　动态的流水　　　图3-48 静水与动水

图 3-49　水体照明与倒影

常表现为流水、瀑布、喷泉等形式。当水体的承载物有高差时，就形成了水的流动：水直接从较高处直接落下形成瀑布（图 3-51）；水如果顺着某个界面流下，则是壁流（图 3-52）；或者利用气泵改变水流方向的自特性，使其从上往下流动，则形成喷泉或水柱。

动态的水还能产生水声。既可以作为前景声烘托景园氛围，又可作为背景降低噪声。例如，涓涓细流撞击石块的叮咚声；飞落而下的瀑布声和喷涌而出的泉水声不仅使得室内景园活力四射，同时有效阻隔外部噪声和喧哗声。当然，水声的利用需要考虑实际情况，有时候水声也可能成为一种噪声的来源，特别是在室内空间当中。因此，室内多采用壁流的形式或者是瀑布，喷泉的高度也比较低。

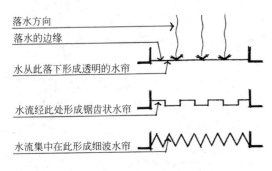

落水方向
落水的边缘
水从此落下形成透明的水帘
水流经此处形成锯齿状水帘
水流集中在此形成细波水帘

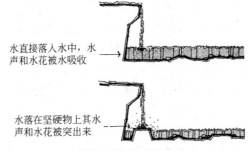

水直接落入水中，水声和水花被水吸收

水落在坚硬物上其水声和水花被突出来

瀑布落在不同表面的效果

图 3-50　水在环境中的不同形态

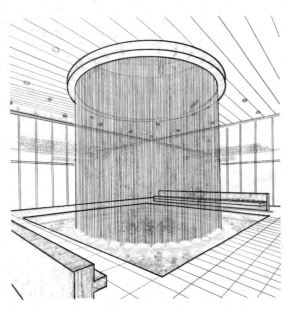

图 3-51　瀑布

图 3-52　壁流

3.3.2 水型的种类

技术的发展使室内景园中的水具有多种姿态，进而依据水所呈现出的形态特征将水型分为池、喷泉、瀑布、溪、潭等类别。

1. 池

蓄水的小坑为池。池是现代水型设计中最简单最常用又最易取得效果的形式。在室内景园中可筑池蓄水，然后以水面为镜造景；或设赤鱼戏水，使水生植物飘香满池；或池内筑山设瀑布及喷泉等各种不同意境的水局，使人浮想联翩，心旷神怡。

水池设计主要在于平面的变化，一般通过室内空间的功能和审美的需求来决定水体呈自然形态还是规则几何形态。以此可将水池分为规则式与自然式两种。

（1）规则式水池（图 3-53）。规则式水池是指几何形态水池。其平面可以是各种各样的几何形：如圆形、方形、长方形、多边形或曲线、曲直线结合的几何形。

图 3-53　规则式水池

（2）自然式水池。自然式水池是指模仿大自然中的水池。其特点是平面形状千姿百态，有进有出，有宽有窄。虽由人工开凿，但宛若自然天成，无人工痕迹。并且池面宜有聚有分，在聚处则水面辽阔，

有水乡弥漫之感；在分处则萦回环抱，似断似续。在设计时要把握聚分之间，并视面积大小不同进行设计，小面积水池聚胜于分，大面积水池则应有聚有分。

其中自然式水池又可依据形态特征分为小型水池、较大的水池、狭长的水池、山池四种。

1）小型水池。小型水池形状宜简单，周边宜点缀山石、花木，若在其中养鱼植莲亦富有情趣。应该注意的是点缀不宜过多，过则易俗。

2）较大的水池。应以聚为主，分为辅，可在水池一角的水上用符合景园设计风格的路径进行划分，达到活泼自然、主次分明的效果。

3）狭长的水池。该种水池应注意曲线变化和某一段中的大小宽窄变化，若处理不好会成为一段河。池中可设桥或汀步，转折处宜设景或置石植树。

4）山池。山池即以山石理池。周边置石、缀石应注意不要平均，要有断续，有高低，否则也易流俗。还可通过水面衬托山势的峥嵘和深邃，使山水相得益彰。

这里介绍几种常用的水池形式。

1）下沉式水池就是使局部地面下沉，限定出一个范围明确的低空间，在这个低空间中设置的水池。此种形式有一种围护感，四周较高，而人在水边视线较低，仰望四周，新鲜有趣（图 3-54）。

2）台地式水池与下沉式相反，就是把开设水池的地面抬高，在其中设置的水池。此种形式给处于池边台地上的人一种居高临下的方位感，视野开阔，趣味盎然，好似观看天池（图 3-55）。

图 3-54　下沉式水池

图 3-55　台地式水池

3）无边水池在视觉上似乎没有边界，池边与地平平齐，或者有水流过其一个或多个边界，使人有一种近水和水满欲溢的感觉（图 3-56）。使池子看起来和附近更大的水体例如海洋融成一体，或是其边界就与天际线融合，在视觉上会有池子没有边界一直往外延伸的错觉。

4）连体式（或称嵌入式）就是沟通室内外的水池（图 3-57），不仅水体贯穿室内外，水流也在室内外流动。

图 3-56　无边界水池

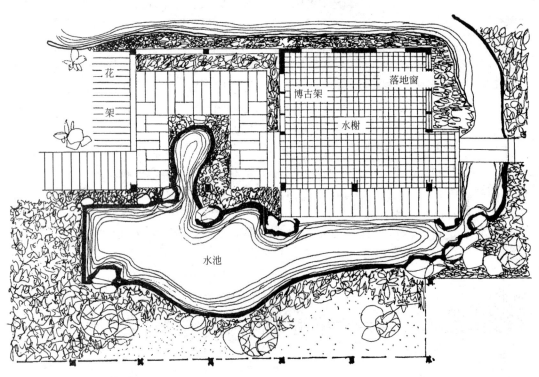

图 3-57　连体式水池

5）具有主体造型的水池就是由几个不同高低不同形状的变体六角形组合起来的水池。在其中蓄水、种植花木，可增加观赏性（图3-58）。

6）滚动式水池就是使水面平滑下落的水池。池边有圆形、直形和斜坡形几种形式（图3-59）。

图3-60～图3-66是水池的基本做法。

图 3-58　具有主体造型的水池

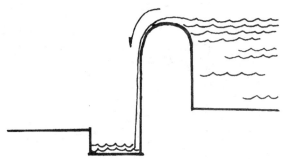

图 3-59　圆形滚动式池边、水面平滑下落

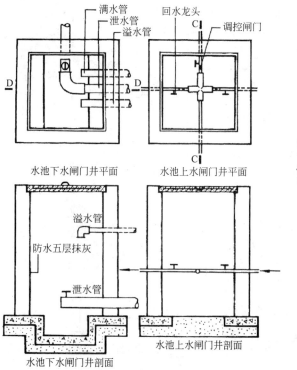

水池下水闸门井平面　　　水池上水闸门井平面

水池下水闸门井剖面　　　水池上水闸门井剖面

图 3-60　水池上、下水调控做法

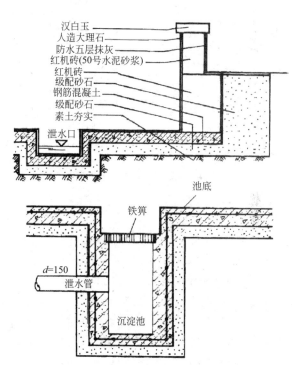

图 3-61　普通水池做法

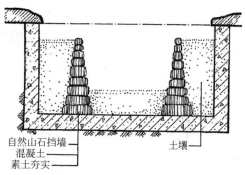

图 3-62　水池筑造做法（一）

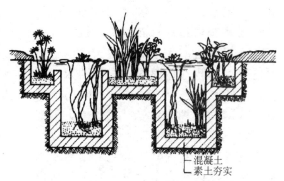

图 3-63　水池筑造做法（二）

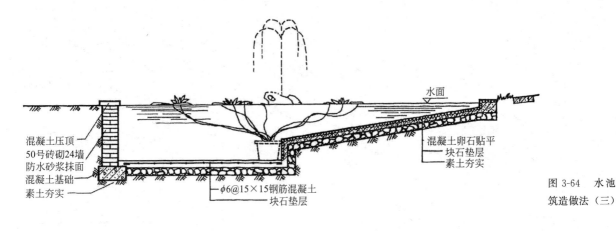

混凝土压顶
50号砖砌24墙
防水砂浆抹面
混凝土基础
素土夯实

φ6@15×15钢筋混凝土
块石垫层

水面

混凝土卵石贴平
块石垫层
素土夯实

图 3-64　水池
筑造做法（三）

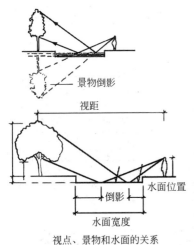

景物倒影

视距

水面位置

倒影

水面宽度

视点、景物和水面的关系

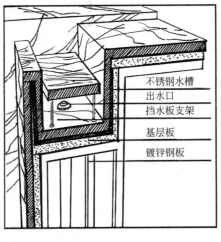

不锈钢水槽
出水口
挡水板支架
基层板
镀锌钢板

图 3-65　水池筑造做法（四）

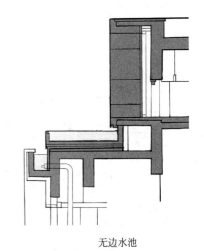

无边水池

图 3-66　水池筑造做法（五）

2. 喷泉

　　喷泉有人工喷泉与自然喷泉之分。自然喷泉是在原天然喷泉处建房构屋，将喷泉保留在室内的喷泉，这是大自然的奇观，更为珍贵。而人工喷泉（图 3-67）则是通过技术手段，由人设计并制造出来的喷泉。其形式种类繁多，并随着科技的发展逐渐与互联网和科技产品等紧密结合，例如由机械控制的喷泉等；并且其喷头、水柱、水花、喷洒强度和综合形象都可按设计者的要求进行处理（图 3-68）。近些年来又出现了由电脑控制的带音乐程序的喷泉、时钟喷泉、变换图案喷泉等互动式喷泉。华丽的喷泉加上变幻的各种彩色光，其效果更为绚丽多彩，能更好地激发人的情绪来进行互动交流。在室内营造喷泉、瀑布或水池，能使室内更富于生气，是美化和提高室内环境质量的重要手段。它较栽植植物和其他园艺小品收效快，点景力强，易于突出效果。其设计要求可繁可简、可粗可细，维护工作小。

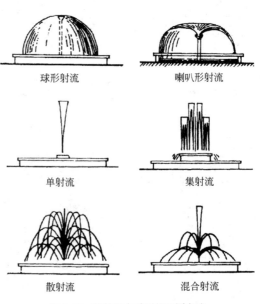

球形射流　　　　喇叭形射流

单射流　　　　集射流

散射流　　　　混合射流

图 3-67　喷射用水采用的不同方法

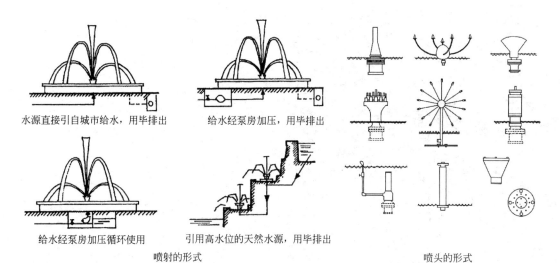

水源直接引自城市给水，用毕排出　　　给水经泵房加压，用毕排出

给水经泵房加压循环使用　　　引用高水位的天然水源，用毕排出

喷射的形式　　　　　　　　　　　　　　　　喷头的形式

图 3-68　喷射和喷头的形式

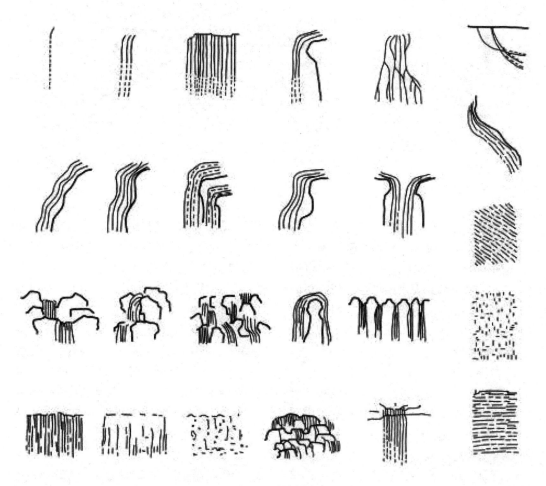

图 3-69　瀑布样式

3. 瀑布

从悬崖、陡坡、山上倾泻下来的水流称瀑布。现代室内水景园中，瀑布种类多样（图 3-69），多以自由式、幕布式、阶梯式为主。瀑布自高处泻下，落入池中，其落差和产生的水声使室内变得有声有色，静中有动，成为室内赏景和引入的重点（图 3-70、图 3-71）。

图 3-70　广州白天鹅宾馆中庭故乡水瀑布

图 3-71　利用斜墙做瀑布

图 3-72　新加坡金沙购物中心内的水池瀑布

　　瀑布也可与天气相对应，水量的多少取决于雨水的状况，如新加坡金沙购物中心内的水池瀑布（图 3-72）。当雨水量增大时，中庭顶部的雨水收集装置使收集的雨水从中间跌落形成水柱，由于惯性作用因而形成了旋转的空中瀑布，而当雨水量小时瀑布则会消失。

　　4. 溪、涧

　　溪，原是指山间的小河沟，也指一般的小河，溪水多盘曲迂回。涧是专指山间的深水沟，水面曲折，水位低深，似暗流，故模拟做涧多做石岸深沟。这类形式可以借助植物、花草、石头等材料进行模仿，溪和涧中的水静中有动，有急有缓。在室内作溪、涧，使水流淙淙，给人舒适、和谐的感受。

　　5. 潭

　　深水叫潭，自然中有的潭深数丈，水深莫测，有险意，令人望而生寒。以

潭造景，具有深层感，其非一般浅池能比。但由于潭深的缘故，只能设在底层。

3.3.3　水岸的设计

　　水岸的设计是指水型和驳岸的处理形式；其中，有的是以所用材料而界定分类，如金属池岸、土岸、石岸等；有的是依其形式不同而界定分类，如矶、石壁岸、滩、岛、洲等。相同的水型平面，由于岸型不同，其意境、效果却会完全不同；因此水型和岸型要同时考虑，同步设计。常用的池岸形式有：

　　1. 金属池岸

　　金属岸池（图 3-73）就是以金属材料为主的池岸。其可塑性好，因其材料本身特性能够满足不同形态的设计需求，并且金属池岸便于工厂制作和施工，所以应用较为广泛。要注意设计时金属池岸一般与自然土壤或石材等相结合。

2. 土岸

土岸（图 3-74）就是以土壤材料为主的池岸。由于土岸怕冲刷，多用于静水浅水设计。为防止泥土崩塌，岸的坡度不宜太陡，所占面积要大。但土岸最为经济，如处理得当，会收到很好的艺术效果。如果在水边种植芦苇、蒲草等水生植物，或在岸边植以竹子花木，颇具江南水乡特色；也可在岸边散置几块石头，可坐可赏，更富情趣。

3. 石岸

石岸就是以石材为主的池岸。现代石岸（图 3-75）多呈规则的几何形态。它不仅有限定池水边界的作用，同时也是人行走的通道。制造材料可选用青石板、花岗石或大理石。叠石岸（图 3-76）则多以自然形态的石材布置池岸，它能防止池岸崩塌和便于人们临水游赏。在材料选择上，其使用湖石、黄石、青石都可，但在筑造一段或一个池岸时用材一定要统一，不要两种或多种混用。还要注意掌握石材的纹理和特点，使之大小错落，纹理统一，凸凹相间，呈现起伏的形状，并适当间以泥土，便于种植花木。使整个石岸高低起伏，有的低于路面，有的挑出水面之上，有的高凸而起，可供坐息。总之池岸叠石水不宜僵直，尤其不能太高，否则岸高水低如凭栏观井，违背凿池原意。叠石池岸也多有自然式踏步下伸水面，这种做法有利于池岸形象的变化，又有使用功能。

4. 石矶

水边凸出的岩石或水中的石滩叫矶（图 3-77）。石矶以险峻的景观而引人注目。在池岸构筑石矶，大致有两种形式：小型的仅以水平石块挑于水面之上，大型的以崖壁与蹬道作背景，叠石探出水面之上，如临水平台，与崖壁形成横与竖的对比，并使崖壁自然地过渡到水面。

5. 滩

滩，原指江湖海河边上淤积成的平地或水中的沙洲。在绿化设计中，滩常被用来作为池边岸型设计的一种形式，多作沙滩石滩设计（图 3-78）。

图 3-73 金属岸池

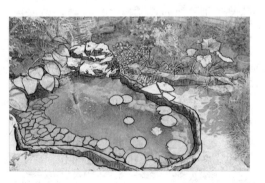

图 3-74 土岸

图 3-75 现代石岸

湖石池岸

图 3-76　叠石岸

图 3-77　石矶

石滩式池岸

图 3-78　滩

6. 洲

河湖中或海滨由泥沙淤积成的岛屿称之为洲（图 3-79）。在较大的池中设计一两块沙洲、绿洲，既可丰富设计，又能增加观感和情趣。

图 3-79　洲

3.3.4　水体维护与安全

首先，防水第一，避免建筑安全受到影响。现代室内景园常设有水池，而室内水池的施工基本要求是：组织牢固、表面平整、无渗水漏水现象。而防水问题是重中之重，水池不防水，再美的设计都是白搭，因此建议采用伸缩能力强的防水材料（图 3-80）。在涂刷防水材料时需注意力度均匀，单次涂刷不能过厚，防止凝固后龟裂，两次涂刷时需保持垂直相交的角度以保证充分覆盖。施工 24 小时后建议喷雾洒水对涂层进行养护。室内水池还可以直接使用砂浆防水剂，做完防水工作后再贴装饰材料即可，此方法环保无毒，防水性能好、年限长。

图 3-80　防水材料水池

其次，水景维护也不容忽视，要保证水体干净。如果水中养鱼，久而久之会引起水质变化，那么安装过滤系统就是方法之一，其对改善水质效果明显。不过安装过滤系统的造价比较高，且占空间。另一个既能节省费用又让美景更持久的办法是采用沉淀过滤法，在池底铺设软石层，脏东西就会沉淀在软石层下（图3-81）。在清洁频率上，对中小型水池而言，一年清洁一次就足够了。此外养鱼的水池换水还要注意不宜太频繁，一次换2/3的水，这样对鱼的生长有利。

图 3-81　池底铺设软石层

同时也要保证电力设备的安全。因而底灯、水泵的维护非常重要，容易因老化而漏电，定期的检查与维修是必要的。建议可把水底灯改装在池岸边，以延长其使用寿命。

最后，要保证水景的坚固性。防止水景破裂倒塌现象的出现。

3.4　石的设计

石在绿化中虽然起不到植物和水能改善环境气候的作用，但由于它的造型和纹理具一定的观赏作用，其又可叠山造景，所以石也是绿化设计中不可缺少的重要材料之一。古有"园可无山，不可无石""石配树而华，树配石而坚"，可见石在作景造园中的作用。石能固岸、坚桥，又可为人攀高作蹬，围池作栏，叠山构洞，指石为座，以至立石为壁，引泉作瀑，伏地喷水成景。

古之达人喜石爱石者代代有之，至唐宋更盛。唐白居易作《太湖石记》，宋米芾拜石，呼石为兄。宋徽宗亦爱石成癖，供石画石，宋《杜绾石谱》罗列品石达116种，多属叠山之石，亦有供几案陈列文房清玩的供石。总之在过去，石的设计注重对自然景色的模仿与具象表达，看重石材的选择。随着社会发展，现代石的设计则更趋向于简洁的表达效果与抽象的艺术审美范式。

3.4.1　石的欣赏与种类

石中较典型的有太湖石、锦川石、黄石、蜡石、英石、青石、花岗石等，古时极有观赏价值的灵璧石现已不易得。

1. 太湖石

太湖石运用较早且广泛，原产太湖洞庭西山。大者丈余，小者及寸，质坚面润，嵌空穿眼，纹理纵横，叩之有声，外形多具峰峦岩壑之致，现已不易再得。常用的新石多属山上旱石。河北平山所产的亦称北太湖，其颜不润，音不清，仅得其形。

2. 英石

英石产于广东英德，石质坚而润，色泽微呈灰黑色，节理天然，面多皱多棱。将之稍莹彻，峭峰如剑戟，岭南多叠山。其用于室内景园或与室内灯光和现代装饰材料配合甚为贴切。此外小而奇巧的还可作几案小景陈设。

3. 锦川石

锦川石表似松皮形状，如笋，俗称石笋，又叫松皮石。有纯绿色及五色兼备者。新石笋纹眼嵌石子，又叫子母石，旧石笋纹眼嵌空，又叫母石，色泽清润。其以高丈余者为名贵，一般长之尺许。锦川石常置于竹丛花墙下，取雨后春笋之意，作春景图。广东人造石笋极似，然天然石笋现也不易得到。

4. 黄石

黄石质坚色黄，纹理古拙，以常州、苏州、镇江所产为著。黄石叠山粗犷而有野趣，用来叠砌秋景山色，极切景意。

5. 蜡石

蜡石色黄油润如蜡，其形浑圆可玩，别有情趣。常以此石作孤景，散置于草坪、池边、树下，既可坐歇，又可观赏，并具现代感。

6. 花岗石

花岗石是普及素材，除作山石景外还可加工工程构件。以其作散石景会给人以狂野纯朴之感。

7. 青石

青石是最普通的石材。其自然开裂成片，常用作铺道、砌石阶用，亦可叠山。其中开裂成条状，且形如剑者可以代替石笋，则称为剑石。

造景中常用的石类如图 3-82 所示。

一定的品石，可以构成景园的主景，也可陪衬点缀，片山多致，寸石生情，既可塑物（似某种物象），又可筑山。将造型、色泽、纹理均佳的石作为陈设品置于室内供观赏，有着极高的观赏价值。石的运用使室内景园更加自然化，进而打造了一个自然乡野、生态环保的"室内桃园"。另一方面，东方人与西方人对石的感情有质的不同，我们对石有着极高的欣赏能力和亲切感，有时还把看到的石作联想。我们会把一块石想成是高深莫测的"峰"；或是视作上天自然所造的艺术品；或拟人化，与石为友，与石为伍。此外天然的品石、奇石、趣石，也称为玩石，古称供石，一个"供"字道出了人对石的看重达到了"供奉""供养"的程度。随着科技的发展与交通运输的便利，石材的可获得性提升。因此现代室内景园中的石设计不再专注于石材的比较，石作为构成景园的元素重在营造其与景园整体上的和谐感。同时在形态上，石材不追求千奇百怪，而是更加抽象化、几何化，甚至还会人工对石材进行处理以达到这一效果。

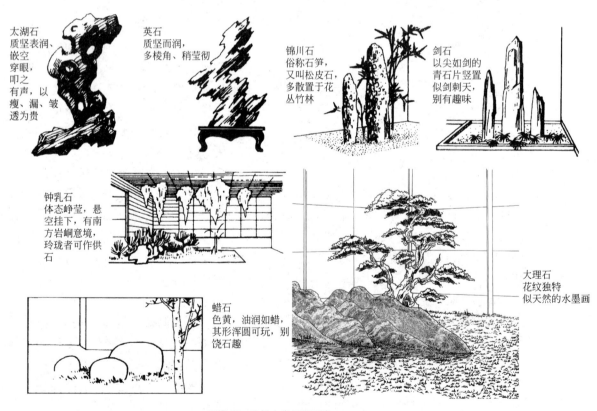

图 3-82 造景中常用的石类

3.4.2 叠石与筑山

积土为山，由来已久。叠石为假山，有志乘可考者始自汉。六朝叠石之艺渐趋精巧，从北魏张伦造景阳山可见当时叠石造山的技术水平之高，《洛阳伽蓝记》中是这样写张伦的："伦造景阳山，有若自然。其中重岩复岭，嵚崟相属，深溪绝壑，通透连接……崎岖石路，似壅而通，峥嵘涧道，盘纡复直"。之后各朝代都有发展，宋开封"艮岳"创假山技术水平之最。清初李笠翁叠山于北京，石涛于扬州，张南垣叠山则闻名于东南。此虽为室外园林叠石筑山，但此技艺则可用于室内。

叠石的方法见图3-83。

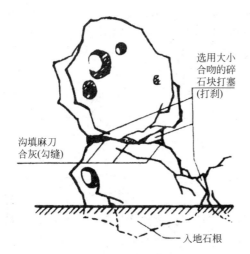

选用大小合吻的碎石块打塞（打刹）

沟填麻刀合灰（勾缝）

入地石根

图3-83 叠石的方法

叠石筑假山，要想达到较高的艺术境界，必须掌握三个统一的规律：

一是石种要统一。忌用几种不同的石料混堆。

二是石料纹理要统一。在施工时，要按石料纹理进行堆叠，切忌横七竖八乱堆。所谓石料纹理即竖纹、横纹、斜纹、粗纹和细纹等。并且堆叠时纹理要向同一方向，即直向与直向，斜向与斜向，横向与横向，粗对粗，细对细，石块大小也要适宜。这样既可以使人感到整座假山浑然一体、统一协调，不会产生杂乱无章支离破碎的感觉，又可使人感到山体余脉纵横有向及上下延伸感，还能产生"小中见大"的感觉。

三是石色要统一。在同一石种中，颜色往往有深有浅。应尽量选用色彩协调统一，不要差别太大。

室内叠山（图3-84）最忌俗字，若叠得不好，俗不可耐，还不如放置一、二天然散石，自有天趣。叠石要有很高的艺术修养，才能叠出神完气足、妙如天然、趣味无穷的山石来。古人石涛、倪云林、李立翁、计成莫，都是很高的丹青妙手，他们造出的景品位自高。在室内叠石作景，还要忌多，多易败、易俗，少则易巧。以石少许点缀在植物或水池、墙边最易成功、见效。何时运用玲珑的湖石，什么地方用粗犷的黄石、蜡石，什么地方用最普通廉价的青石、花岗石，以及应该用什么颜色的石，要视室内空间及环境气氛而定，这是需要一番构思与设计的。

图3-84 室内叠山

置石手法有散置或组合（图3-85），此方法比较简单，但却能营造极具构成感的视觉效果。其一般不做过多的叠石，亦可不作石基，与几株植物搭配，再借以框景手法便能营造出别具匠心的空间效果，也因其独特的效果近年来常被应用到石景园的设计中。而叠石则须先打好坚固基础。临水叠石须先打桩，上铺石板一层；一般叠石则先刨槽，铺三合土分实，上面铺填石料作基，灌以水泥砂浆。基础打好后再自下而上逐层叠造。底石应入土一部分，即所谓叠石生根，这样做较稳。石上叠石，首先是相石，选择造型合意者，而且要使两石相接处接触面大小、凸凹合适，尽量贴切严密，不加支填就很稳实为最好。然后选大小厚薄合适的石片填入缝

图 3-85 置石手法

中敲打支填，此法工人称谓"打刹"。如此再依次叠下去，每叠一块应及时打刹使之稳实。叠完之后再补缝，使缝与石浑然一体。具体来说，叠石的手法有叠、竖、垫、拼、挑、压、钩、挂、撑、跨及断空诸种，可叠造出石壁、石洞、谷、壑、蹬、道、山峰、山池等各种形式来。

筑山的种类有以下三种：

土山。是全用土堆的假山，有时则限于山的一部分，而非全山如此。

土多石少。此类有时是以土堆山，上置少数石块或叠石；有的则沿山叠石和灯道两侧垒石用以固土。

石多土少。此类按其结构可分三种。一是山四周与内部洞穴全部用石构成。而洞穴多，山顶土层薄。二是石壁与洞用石，但洞少，山顶土层较厚。三是四周及山顶全部用石，下部无洞，此法为石包土。

3.5 铺地与园路

铺地和园路是景园中最重要的平面元素，占据的面积和所承担的功能非常重要。

3.5.1 铺地

它不仅是设计中最重要的单项元素，而且还很可能是景园建设中造价最高的部分。因其作为界定景园范围的主要指标，在材料和样式的选择上都需要从整体出发，使铺地与场地、周围环境相协调。在材料的选择上也就要考虑以下几个因素：材料功能适宜、易于维护、造价合理且容易获得，并且能与整个庭园、空间环境的风格协调统一。而且，一个景园中所使用的硬质材料尽量不要超过 3 种。

室内景园的铺地根据材料的不同可分为两大类："粒料铺面"，如砾石、树皮等；"块料铺面"，如铺面砖、石料和木栈道等。它们在耐磨性、外观、维护以及造价、施工等方面各有特点。一般来说，表面较光滑的材料适合于放置在小品设置的区域，而粗糙的适合于有防滑要求的踏步或水池边（图 3-86）。

图 3-86 材质粗糙的铺地和材质光滑的铺地

3.5.2 园路

园路就是连接着人和景园各个部分的道路（图3-87）。其犹如生命体的血管，因而一定要清楚地规划每条路的用途，若园路无处不在反而显得荒谬。同时园路的尺度、材质等细节设计都应与其他景物及使用要求相协调。以下是设计中需要着重考虑的细节：常用人群（成人、孩子、老年人等）；使用者的数量、道路宽度、硬质地面的面积、多人拥挤堵塞情况的缓解措施；主路应贯穿景园，并能引导人们更好地观赏景物；园路转折处需要弧线过渡，以满足特殊人群的要求。

图3-87　弧线园路

3.6　室内景园与建筑空间

室内造景，常常采用庭园的形式。庭园就是在建筑周围和室内通过一定造景手法使人能观赏、游玩的空间。由于建筑组群布局的多样性，因而庭园类型各异。从庭园与建筑空间的关系及观赏点分布来看，有以下两种形式。

3.6.1 借景式庭园

庭园位于室外，将其借景入室作为庭室内的主要观赏面。一般有两种情况：一种是较封闭的内庭，面积较小，供厅室采光、通风、调节小气候用。其景物作为室内视野的延伸，此内庭绿化以坐赏为主，兼作户外休息、观赏之用（图3-88）；另一种是较为开敞的庭园，一般面积较大，划分为若干区，各区都有风景主题和特色。

图3-88　借景式庭园

3.6.2 室内外穿插式庭园

室内外穿插式庭园是在气候宜人地区常用的形式（图3-89）。常在建筑底层交错地安排一系列小庭园，用联廊过道等使庭园绿化与各个建筑空间串在一起，缓解人们进入建筑空间时的突兀感；同时以平台、水池、绿化等互相穿插，以通透的大

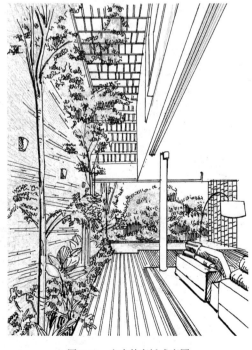

图3-89　室内外穿插式庭园

玻璃、花格墙、开敞空间、悬空楼梯等相联系和渗透。利用内外景物的互渗互借,使室内外之间的屏障被打破,室内空间得以延伸和扩大,从而营造出健康幸福的环境。

参考文献

[1] 张迪. 谈美——浅谈中国古典园林理水之美[J]. 现代装饰(理论),2017,(02),52-53.

第4章 立体绿化

4.1 立体绿化的概念及价值

早在古巴比伦时期，立体绿化的表现形式便出现在"空间花园"中，"空中花园"也因其独特的绿植表现形式被称为世界古文明的奇迹（图4-1）。19世纪20年代兴起于英国和美国的花园城市运动开始提倡住宅与花园的融合，其中也有对城市立体绿化的探索，例如在城市绿化中大量运用藤架、格子结构以及自行攀爬植物等元素。立体绿化作为当代建筑与景观设计重要的设计方法与形式，其对立体空间的利用率及表现形式的独特性，越来越受到建筑及景观设计师的追捧和探索。

图4-1 古巴比伦"空中花园"复原图

4.1.1 立体绿化的含义

当下立体绿化被普遍定义为城市空间中垂直方向的绿化形式，传统意义上的城市空间绿化是立体绿化和平面绿化的共同组成，所以立体绿化其实也可以看作是地表平面绿化之外的所有绿化。立体绿化的发展是在空间上的延伸和扩张，通过对各种立体空间的利用，选择攀援植物及其他植物栽植并依附或者铺贴于各种构筑物及其他空间结构上的绿化方式（图4-2）。不仅最大限度地减少平面空间的占有，从而不影响空间使用效率，而且增加实际绿化面积提升绿化效率。

面对城市飞速发展带来寸土寸金的局面，面对绿化面积不达标，空气质量不理想，城市噪声无法隔离等难题，发展立体绿化也将是室内绿化设计发展的一大趋势。在城市绿地资源紧张，平面空间匮乏的情况下，立体绿化挖掘和探索了垂直纵向维度的潜力和可能性，可以从多个方面提升室内空间的品质，同时也让绿化设计及形式更加丰富多彩（图4-3）。

目前，"立体绿化"技术也已经从过去单纯通过攀附、垂吊等方式发展成结合空间和构筑结构的多样化表达，室内立体绿化不仅仅是覆盖立面的绿植，而是运用多种新型技术，结合景观装置的艺术形

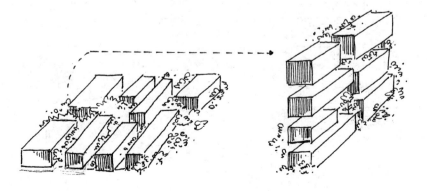

图4-2 水平绿化向立体绿化演变

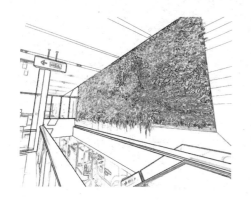

图 4-3　室内立体绿化的利用

式。室内立体绿化将跳脱空间的限制，随着垂直绿化技术的成熟应用，其设计也呈现出了多样化的特点，由点、线的表现形式发展为面和空间的形式。

4.1.2　立体绿化的价值

立体绿化兼具生态、景观、经济功能，室内环境空间的立体绿化，不单单是为了修饰、改善墙面的美感，还应该赋予其更多的功能。

1. 立体绿化的生态价值

相对于传统的室内绿化方式，立体绿化让植物景观与室内环境的融合度更高，对室内生态环境的改善度也更好。近年来，随着立体绿化核心技术（垂直绿化）的成熟，在各类室内环境中涌现出很多室内立体绿化景观设计作品，其生态特性也在室内环境中有显著的体现。室内立体绿化能够吸收室内的二氧化碳，降低建筑能耗，同时能够吸收污染气体以及 PM2.5 等，净化空气，改善室内空气质量。在嘈杂的大空间内，合理的立体绿化布置还能够有效地降低噪声，实验表明，由于绿化散射和基板的吸声效果，绿植能够对噪声进行有效的吸收（图 4-4）。

2. 立体绿化的经济价值

对于高能耗的建筑来说，立体绿化能够有效地提供遮阴、降温、节能等功能，提高建筑寿命。高温天气下，立体绿化能够营造一个凉爽的环境温度，可降低空调冷却负荷，节省能源。在夏季，立体绿植经过蒸腾作用，可以使周围温度有所降低（图 4-5）。虽然每一株植物为"降温"所能做到的"贡献"很小，但是当成百上千株植物集中在一面垂直绿墙上时，室内温

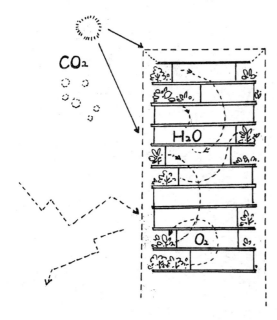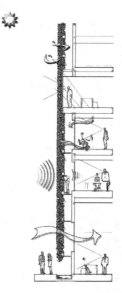

图 4-4　立体绿化的
生态价值

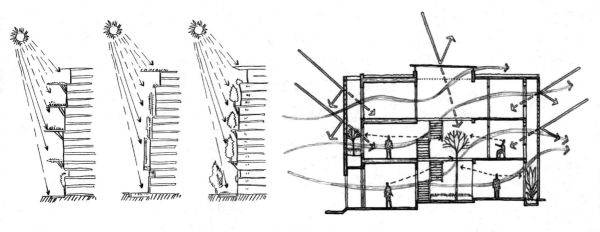

图 4-5 室内立体绿化的降温作用

度就可以降低 3～7℃。一些研究表明，安装室内立体绿化可以将每个月的用电账单减少近 20%。

3. 立体绿化的美学价值

立体绿化对我们人类的身心健康和幸福安康能产生积极的影响。室内立体绿化可以提供绿色的视野，让久居喧嚣城市的人们有更多机会接近绿色，起到缓解日常压力的作用。建筑材料偶尔会给人带来诸多消极影响，例如玻璃反光令人眩晕，大量的灰色混凝土或者立面涂饰也会让人情绪低沉。室内绿植能够有效地消除各种身心上的不适，越是近乎自然的绿植形式，越能让人欣赏到植物本身的美学价值。并且植物所产生的肌理、色彩以及其动态变化也能给室内设计带来千变万化的美学亮点。

4. 立体绿化的空间价值

在高建筑密度的城市，无论是室外还是室内，立体绿化都能极大地增加绿量，丰富绿化景观的空间层次。立体绿化给城市另外一种可能，在占取极少土地资源的条件下让绿化面积成倍地增加，优秀的立体绿化设计也为城市带来更多的生机。植物在立面的空间表现上更为突出，随着建筑构件的形状和位置千变万化，不仅能够让绿化和建筑的美融合，同时也能为建筑和空间起到修饰的作用，提升空间的价值。

4.2 立体绿化的室内应用

近年来立体绿化在室内环境中扮演了越来越重要的角色，其适用场所也越来越广泛，将绿植作为装饰元素与环境融合，不但能够为室内环境设计提供更多新的发展方向，同时也提升了室内空间的生态效益，为室内空间带来无机材料所缺失的活力。

4.2.1 立体绿化的设计方法

立体绿化的设计是利用传统绿化设计方法和垂直绿化技术，在室内三维空间上进行植物景观设计与种植的绿化方式。由于其特殊的空间位置和安装技术要求，室内立体绿化需要围绕室内空间界面和所属构件进行设计，从一面墙（二维空间）到一整个室内环境（三维空间），可以将室内立体绿化的设计方法及形式分类整理为图案式、结构式、艺术装置式和大小空间式。

1. 图案式

图案式的室内立体绿化主要表现为室内植物墙，通过在垂直墙面利用不同颜色、肌理、质感的植物组合拼接形成不同的图案效果，形成特殊的植物肌理，起到类似一幅壁画或者浮雕的装饰效果，在美化室内环境的同时赋予室内更多自然的设计语言。

选择不同的植物排布方式可以产生不同的植物墙效果，例如在绿萝中点缀红掌的点缀式绿植墙，以绿色基调的观叶植物为主，点缀突出的色叶植物或观花植物，是最简单的丰富绿植墙的一种方式。或者是以线性或波纹形分布的植物来体现重复韵律，这种排布方式会有较强的视觉引导性，能加强建筑立面某一方向的动势（图 4-6）。

如果想要营造强烈的整体效果，也可以以满植式的形式在墙面种植单一品种的植物，强化简约的风格，营造宁静的氛围。选择个体叶片较大的植物会让整个植物墙飘逸洒脱，极具植物自然之美。选择个头较小、叶片较密的植株则是简洁规整、秩序感强。

除简单的立面植物墙外，图案式立体绿化设计通常是强化室内立面，利用植物墙结合不同的设计元素来突出或表达设计师想要展现的设计主题。例如 Logo 植物墙便是一种可以诠释主题的植物墙，常应用在商用环境的前台、门厅，以及园区入口等，突出公司的品牌、标语。在绿色植物为主的植物墙上安装金属色、白色及发光的 Logo 形态，或是反向的在金属架或白色墙面上直接利用植物勾勒 logo 形状均被广泛应用（图 4-7）。

在一些室内的餐厅或是大厅，为了更好地营造自然的氛围，将植物墙与水的有机结合也逐渐盛行起来。图案式的植物墙可与静水面、涌泉、跌水等水景元素结合，通过不同的组合能产生不同的意境和氛围。平缓的水流或者静水面与植物墙结合，能烘托室内安宁静谧的气氛很适合布置在餐厅或疗养空间。跌水、涌泉或喷泉等较为动态的水景与植物墙组合能使空间更具生机和趣味适合布置在相对开放的空间（图 4-8）。根据不同的环境功能需求选择合适的水景与植物墙相组合，能够为空间带来别致的自然趣味，也是提升空间品质的重要设计方法。

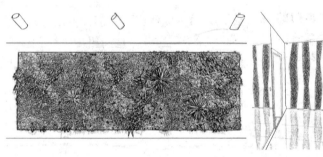

图 4-6　图案式植物墙表现形式

图 4-7　Logo 植物墙表现形式

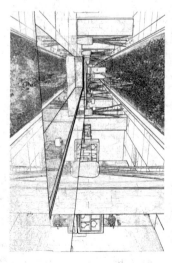

图 4-8　植物墙与水景的结合

随着技术的发展，植物墙的表现形式越来越丰富，在立体绿化设计中越来越多的材料开始与植物墙结合，带来不同的观感效果。植物墙的运用不仅限于普通的功能空间，也应用于艺术空间。例如在舞台展示中，选择复合式植物墙来营造舞台剧目神秘旷野的氛围。或是将植物元素与其他元素如大理石、木材、亚克力、格栅、水幕、镜子、磨砂玻璃等材料合理搭配成有机整体（图4-9）。并且复合式植物墙也可以在一定程度上控制成本造价，利用不同元素来部分地置换植物墙是一个有效的手段，还能收到不同寻常的效果。

2. 结构式

结构式的室内立体绿化主要是利用室内的建筑立面结构与形态，以攀援植物为主结合室内结构打造立体绿化。比较常见的形式是在建筑墙体、门窗洞口、长廊等悬挂垂枝植物，如绿萝、青藤、波士顿蕨、吊兰、吊竹梅等，既美化建筑立面，还能起到帘幕的作用，保证视线通透的同时又能够分隔空间（图4-10）。

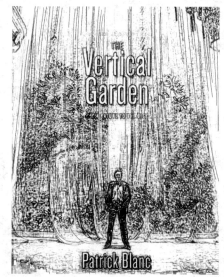

图 4-9 植物墙与复合材料的结合

图 4-10 攀援植物与门窗洞口、长廊空间的结合

在一些有特殊结构或者空间形态的室内空间内，利用绿植来强化其结构能够有效的加强空间的氛围感和设计感。例如图4-11空间中，一个植物柱贯穿中庭周围的三座高层建筑中，绿色的植物一直蔓延到一层加强了空间的动感。该植物柱成为大楼大厅空间的亮点，透明的玻璃幕墙也为植物带来阳光与活力。该设计为活动的人群提供了舒适、光线充足且有趣的空间，从而也能够加强人与人之间的交流。

绿色植物能够将特殊的室内结构和空间形态变得更加突出和生动，攀援生长的植物顺着拱形的建筑结构形成天然的绿色装饰，能够为整个餐厅空间营造自然且浪漫的氛围（图4-12）。

当然除了利用原本的建筑结构外，创建新的建筑构件（钢索结构等）也是结构式立体绿化的常用手法。在很多公共场所，创造钢索结构式的绿色花园是为挑高空间带来绿色及活力的重要方式（图4-13）。不锈钢的电缆和金属丝网具有极大的灵活性，使其在室内立体绿化的设计运用中几乎不受限制。

图4-11　结构式室内立体绿化案例

图4-12　结构式室内立体绿化案例

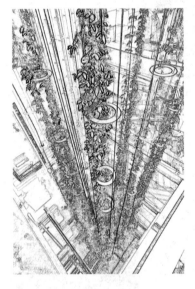

图4-13　钢索结构与绿植的结合

即使是在空间较为狭小、垂直方向的空间不足够时，这种钢索结构也能很好的实施和展现。例如图4-14利用绳索和植物结合的绿化形式。创建了一种模块化系统，通过一个支撑结构让攀援植物在室内也能很好的种植。

3. 装置式

装置式立体绿化主要指设计师通过艺术装置与绿化结合来打造立体绿化，更好地体现立体绿化的艺术性和交互性。近年来，立体绿化景观因为其显著的空间利用率和其城市绿量增长率，已逐渐为公众认知和接受。作为提升景观风貌的有效手段，人们对立体绿化的形式提出了更高的要求，让绿化空间产生更多的"交互"。

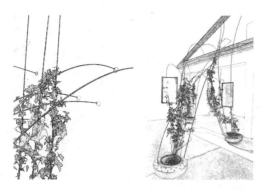

图 4-14　室内钢索结构式立体绿化的运用

图 4-15　帕特里克·布朗克的装置式立体绿化作品

以戏剧性和革命性闻名的立体绿化艺术家帕特里克·布朗克（Patrick Blanc），

在世界各地留下了许多令人叹为观止的交互式立体绿化作品（图 4-15）。生机勃勃的立面园林将城市中暗淡呆板的工业立面取代，帕特里克的作品不仅仅是一个景观绿化，而是作为公共艺术为城市公共空间构造新的景致。

随着现代科技的高速发展，越来越多的技术手段和方法被应用于立体绿化景观装置设计中。立体绿化跳脱了仅作为绿化的意义，而是作为一种重要的空间营造手段运用在各种展示空间中。例如在雷克萨斯新车型展示空间中，设计师使用天然材料重建了一个面积约为 50m^2 的竹林环境，利用竹林和光在室内空间中构建垂直森林。通过为绿化在空间中营造一场森林"冒险"，石头、砾石和苔藓，自然与人工的对话，人与空间的交互由此展开（图 4-16）。

艺术装置式立体绿化的表现方式不受拘束，可以打造出任何设计师想要营造的空间形式和氛围。可以是神秘的"冒险森林"，也可以是梦幻的"泡沫花园"。例如图 4-17 中将植物与充气装置结合的艺术形式，让气球泡泡拥有各色的树叶，泡泡像树木的叶子一样漂浮在庭院上方，为庭院空间打造了一个梦幻宜人的花园。

图 4-16　雷克萨斯竹林展示空间

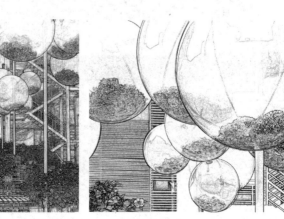

图 4-17　与充气装置结合的立体绿化

另外，植物与家具的结合也是装置式立体绿化的重要形式之一，尤其是在室内立体绿化中应用广泛。植物和家具的结合其实是植物与室内生活更好的结合，植物椅和植物桌能够让人时常地注意到它，日常的使用能够让人和植物的关系更加亲密。例如苔藓灯，除了为房间主人生活提供所需的基本照明，苔藓形成的自然表面也让它更加醒目。并且苔藓表面还可以吸收500～3000Hz的声波，确保环境平静，尤其适合噪声范围约为2000Hz的环境中。在现代技术的支持下，苔藓防腐方法使得绿色植物完全无需处理，不需要灌溉或施肥，人们也可以永久享受常绿的天然产品（图4-18）。

4. 大小空间式——构造室内自然景观空间

大小空间式的室内立体绿化指在人工建造的室内空间中，构建一个相对完整的室内自然景观，运用山、石、水体、植物等元素构成一个可观可游的"微缩化"园林景观。并且在技术的进步下，在室内通过人为控制温度、光照、水分等生态因子为植物营造同室外一般的环境条件，达到真正的室内"自然园林"。

迪拜的罗斯蒙特酒店项目便是构建室内园林比较典型的一个案例，设计师计划为干燥的中东地区建立一个生态的雨林。设计中甚至包含了远足路径、人造海滩、瀑布、溪流、沼泽，甚至还模拟人工降雨等极端特征（将使用循环水），在建筑内部构建一个完全人工的雨林（图4-19）。

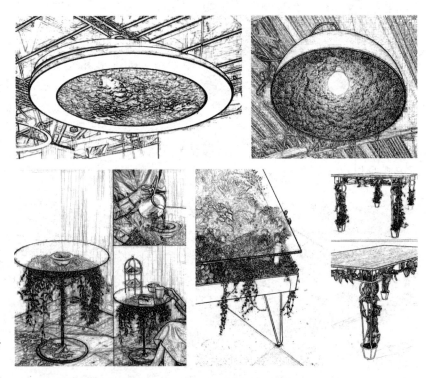

图4-18 与家具结合的装置是立体绿化

图4-19 罗斯蒙特酒店的人工雨林计划

新加坡的 Marina One 也是构建空间式室内立体绿化的优秀案例，设计师在这个空间里选用了约 360 种热带植被从建筑的内部庭院一直延伸到最上层，为建筑的降温起到了很好的作用（图 4-20）。建筑围合创造的内部庭院保证着整个建筑体的自然空气流通，让建筑内部的空间拥有自己的内部气候。并且优秀的通风系统和绿化空间，也为金融区周边地区的居民创造了良好的生活和工作条件。

图 4-20　Marina One 的立体绿化系统

以上两个案例都是在较大的室内空间创造的立体绿化，模拟并形成了一定的室内微气候。而对于相对小型且封闭的室内空间来说，则可以选取自然环境中的一部分模拟并进行空间塑造。例如图 4-21 中的室内绿洲，设计师在这个占地约 4270m^2 的空间打造了一个类似禅宗的室内绿洲，绿洲上有盆栽的树木和草丛生的小丘，周围则是光滑的黑河石。采用几何形态的高架的悬浮蜂窝铝"有诗意地代表着蓝天"与下方蜿蜒的绿洲形成对比，让这种小空间的立体绿化（丘陵）更具设计感。

图 4-21　小空间中的空间式立体绿化

正如前文提到的绿化不再只是作为美化环境和净化空气而存在，而是作为一种重要的空间营造手段，所以这种利用绿植来打造自然氛围的空间手法越来越多地被应用于商业空间，很多品牌店面或是快闪店都会配合产品选择这种将自然引入室内的方式进行宣传。图 4-22 为韩国某香水品牌，为宣传一款香水，特地在室内展示空间创造了一个神秘的苔藓森林。配合着香氛，当客人行走在这个长廊时，便会联想到日本的希巴树和满是苔藓的森林，加强产品的魅力。

另一个案例是西雅图的全新 Glossier 零售体验店设计，这个设计更为大胆，整个室内空间一部分是苔藓覆盖的森林，一

图 4-22　与香气呼应的室内苔藓森林

部分是化妆品和护肤品精品店。该品牌将其颜色柔和的试管和瓶子置于从散布着野花的茂密叶子中露出来的白色底座上（图 4-23）。整个室内立体绿化以草甸般的丘陵形式呈现，并开满了西雅图本土的鲜

花，所有这些共同打造出一个舒适的零售购物体验。当顾客走进这家充满了动植物和花草沉浸式零售体验店时，他们对产品的好奇心也会自然地被激发。

随着技术和材料的革新，相信未来的室内绿化会有更多的想象和发展，室内绿化设计会和不同的学科碰撞产生火花。作为数字艺术家和设计师的保罗·米林斯基（Paul Paul Milinski）便向我们展示了数字渲染下，对超现实室内设计的想象，实现了极简主义建筑和茂密自然的宁静融合。保罗渲染的建筑空间及自然环境充满了迷幻色彩，朦胧的瀑布和热气腾腾的玻璃，郁郁葱葱的植物和绿色岩石叠成的地形，其中穿插着细长的白色现代主义建筑结构和干净的室内设计，让人分不清室内外空间的界限（图4-24）。尽管保罗·米林斯基的超现实景观和室内装饰可能并不容易在物理空间中呈现，但依旧是室内立体绿化设计中很棒的作品，也让我们看到了对未来室内绿化的想象和发展。

图 4-23　西雅图 Glossier 零售体验店设计

图 4-24　保罗·米林斯基的超现实景观空间现象

4.2.2　植物的空间应用

立体绿化设计主要为垂直面的空间应用，普遍认为主要包括墙面绿化、阳台绿化、花架、棚架绿化、栅栏绿化、坡面绿化、屋顶绿化等，室内立体绿化可以实施的空间主要包括：墙面绿化、阳台绿化等。但其实由于室内绿化种植技术的发展以及室内空间形态的发展，室内空间几乎能过实现所有的立体绿化表现形式（包括室外空间的立体绿化形式）。

1. 立体绿化不同空间类型植物的选择

（1）墙面空间绿化：墙体绿化是立体绿化中最直接的对空间的选择，占地面积最小而绿化面积却可以达到最大（图4-25）。墙面绿化不需要建筑其他立面结构，而是通过对空间建筑墙体进行处理，采用攀援或者铺贴等植物的方法构建室内空间的立体绿化。基础的墙面绿化的植物配置应注意三点：墙面绿化的植物选择也需要根据墙体本身的材质、处理程度、朝向而定，例如较为粗糙的墙面适合直接采用攀附型的植物，可以选择爬山虎、紫藤、常春藤、凌霄、络石等植物。其中南面的墙体可以选择喜阳的植物，如凌霄，而耐寒力较强的络石则可以选择种在较为阴暗的北墙。

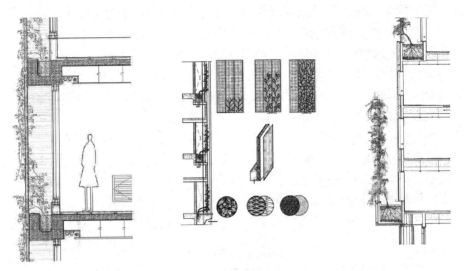

图 4-25　墙面空间立体绿化

（2）阳台绿化：阳台是室内空间中与大自然联系最为密切的空间，也是室内空间中最适合植物生长的空间，同时阳台也是建筑立面上的重要装饰部位（图 4-26）。既是供人休息、纳凉的生活场所，也是室内与室外空间的连接空间。所以无论是室内还是室外的立体绿化，阳台空间都是重要的一个应用场所。但由于阳台建筑结构和空间的特殊性，阳台植物需要选择水平根系较为发达的浅根性植物，例如一些中小型的草木以及一些攀援植物。阳台空间虽然光照充足，但土层较薄，所以一些耐瘠薄的植物，如茑萝、牵牛花等很适合在阳台种植。

2. 室内立体绿化植物要求总结

（1）注重植物的体积及根须

除了某些较大室内空间能够选用同室外一样的大型植物外，大多数的室内空间尤其是高层建筑在植物的选择上需要考虑地面及墙体的承载力。例如墙面绿化在考虑施工的可行性和安全性时，选择的植物必须控制在结构能够支撑的范围内，并且需要考虑到植物根须的生长趋势，防止根须对墙体和地面的破坏。室内植物与室外生长的植物不同，选择体积较小且生长较慢的植物更为合适，因为生长过快、体积过大的植物很不便于控制和管理，很容易超出室内空间的负荷。尤其是墙面绿化，以枝叶稠密、覆盖效果好、生长速度和扩展性适中的植物为最佳。

（2）注重植物的观赏性

室内立体绿化无论在设计上还是养护上都更为精细，作为与人的生活空间更为密切的绿化，其观赏性也十分重要。所以在选择植物时，植物在季节中的变化，例如绿叶植物是否常绿，开花植物的花期长

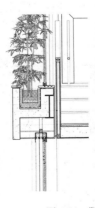

图 4-26　阳台绿化

短都是重要的因素。为了保持立体绿化景观的稳定性及减少维护植物成本，应尽量选用生长周期长的种类，以常绿灌木和多年生植物为佳。植物的花开花落，不可能确保墙体绿化的植物材料一年四季不变，不同季节最好能有不同的开花植物，最好能有花期相对较长的植物。

（3）注重植物的维护与管理

室内植物的养护频率一般来说高于室外，为了减少植物维护的成本，在植物的选择上最好以日后养护管理较为容易的植物为主，选择可以粗放管理的植物。根据室内环境的需求，还可以选择能够吸收辐射和净化灰尘的植物。例如有一定抗烟功能的金叶女贞，不但能够为室内空间提供干净舒适的环境，还便于管理且有一定的观赏效果。同时室内植物与人在室内的活动息息相关，所以在选择植物时，考虑植物的安全性也很重要。尤在小型空间、室内或人容易接触到的地方，尽量不选择带刺、有毒或释放刺激性气味的植物种类，以免伤人或引起不适（表4-1）。

立体绿化常用植物表 表4-1

植物种类	科属	学名	备注
爬山虎	葡萄科地锦属	Parthenocissus tricuspidata	常见攀援在墙壁岩石上。爬山虎的根茎可入药,破瘀血、消肿毒
紫藤	豆科紫藤属	Wisteria sinensis(Sims)Sweet	
常春藤	五加科常春藤属	Hedera nepalensis var. sinensis	叶色和叶形优美,四季常青,耐污染,病虫害少,生长速度快,养护成本低
凌霄	紫葳科凌霄属	Campsis grandiflora(Thunb.) Schum.	生性强健,性喜温暖;有一定的耐寒能力;生长喜阳光充足,但也较耐阴
络石	夹竹桃科络石属	Trachelospermum jasminoides (Lindl.)Lem.	生于山野、溪边、路旁、林缘或杂木林中,常缠绕于树上或攀援于墙壁上、岩石上
西府海棠	蔷薇科苹果属	Malus micromalus	干燥地带生长良好,树枝直立性强,为中国的特有植物
茑萝	旋花科茑萝属	Quamoclit Mill	喜光性植物,既可作林缘或空旷地片植,也可以做吊盆,花廊
藤蔓月季	蔷薇科蔷薇属	Climbing Roses	落叶灌木,呈藤状或蔓状,管理粗放,耐修剪,抗性强,花形,花色丰富,花香浓郁
北景天	景天科珏天屈	Sedum Kamtschaticum	多年生宿根,耐寒,耐旱,喜光,忌湿涝,稍耐阴
反曲景天	景天科景天属	Sedum Reflexum	多年生草本,耐寒,耐旱,喜光,忌水涝,耐半阴
六棱珏天	景天科景天属	Sedum Sexangulare	常绿,多年生草本,花期6~7月
杂交长生草	景天科K生草属	Sempervivum Mantanum	景天科民生草属
夏佛塔雪轮	石竹科	Silene Schqfta	
海索草	唇形科海索草属	Hyasopus Officinalis	多年生草本,抗寒性强
留兰香	唇形科薄荷属	Mentha Spicata	多年生草本,烹潮湿,耐寒,适应性强

植物种类	科属	学名	备注
牛至	唇形科牛至属	Origanum Vulgare	多年生草本，药用
洋芫茜	伞形科	Parsley Curled	两年生，药用
鼠尾草	唇形科鼠尾草属	Sage	多年生草本，夏季开花，耐病虫害
药用网尾草	唇形科鼠尾草属	Salvia Officinalis	抗寒（忍耐−15℃低温）、耐旱
百里香	唇形科百里香属	Thymus Vulgaris	常绿、半灌木、多年生，喜阳
银边扶芳藤	卫矛科卫矛屈	Euonymus Gaiety	常绿藤本，喜光且耐阴，耐寒性强，耐干旱贫瘠
小蔓长春花	夹竹桃科要长春花属	Vinca Minor Linn.	多年生草本，药用，不耐寒
岩白菜	虎耳草科岩白菜属	Bergenia Cordifolia	常绿、多年生草本，药用，耐旱性强，不耐旱，怕高温和强光
蓝羊茅	禾本科羊茅屈	Festuca Glauca	喜光，耐寒（到−35℃），耐旱，耐贫瘠。忌低洼积水
铁角膜	铁角蕨科铁角蕨属	Asplenium Trichomanes	多年生草本，生于山沟中石上
穗乌毛族	乌毛蕨科乌毛蕨属	Blechnum Spicant	常绿、簇生，喜光
贯众	鳞毛联科鳞毛族属	Cyrtomium Fortunei	喜光、耐贫瘠
多足厥	水龙骨科多足蕨属	Polypodium Vulgare	药用，附生于石上
棕鳞耳族	鳞毛蕨科耳族属	Polypodium Polyblepharum	小型陆生植物，高60~80cm
三叶常春藤	五加科	Hedera Helix Shamrock	常绿藤本
银边常春藤	五加科常春藤属	Hedera Helix White Ripple	常绿藤本，耐寒
红鹿子草	败酱科排草属	Centranthus ruber	常绿，耐碱，半灌木
加勒比飞蓬菊	菊科飞蓬属	Erigeron karvinskianus	多年生草本，花期长，阳性，耐寒，土壤要求排水良好
野草莓	葡薇科草镂属	Fragaria vesca	多年生草本
铁筷子	毛莨科铁筷子属	Helleborus thihetanus Franch	多年生常绿草本，较耐寒，喜半阴环境
治疝草	石竹科治疝草屈	Herniaha glabra Linnaeus	多年生草本，喜潮湿沼泽地
屈曲花	十字花科屈曲花属	Iberis amara	两年生草本，耐寒，忌炎热，喜向阳
富贵草	黄杨科富贵草属	Pachysandrater minalis	常绿小灌木，耐寒，极耐阴，耐盐碱
欧洲报春花	报春花科报春花属	Primula vulgaris	多年生宿根草本植物，但多数作一、二年生花卉栽培，花色丰富，性耐寒，耐潮湿，怕暴晒，喜凉爽
苔景天	景天科景天屈	Sedum Acre	景天属，气候适应性强
玉米石	景天科景天屈	Sedum Album	多年生草本，喜阳光充足，耐半阴
圆叶八宝	景天科八宝属	Hylotelephium	生长在海拔1800~2500m的林下沟
袖珍椰	棕榈科竹棕属	Chamaedorea elegans Mart.	常绿小灌木，耐阴性强，能同时净化空气中的苯、三氯乙烯和甲酸

111

4.3 构造与维护

实施立体绿化必须以技术为支撑，尤其是室内立体绿化需要更为精细化的技术支持。立体绿化技术是一个系统的发展，无论是承重结构还是养植工艺、灌溉方式的选择都十分重要。构造是立体绿化生长的承载空间，决定着植物的选择，立面的艺术形式和植物养植的方式等，工艺和养护等选择则决定着植物的生长和稳定性，这些相关的技术都决定着立体绿化的呈现效果及其发展。

4.3.1 承重结构与材质

在室内构建立休绿化首先需要考虑垂直方向上的结构和承重，确定立体绿化方案所需要的承重结构，保证立面的墙体或钢架结构有足够的承载力。例如，实心的混凝土墙面可承受绝大部分的立体绿化工艺，无论是点缀式还是满植式绿化都可以应用（图4-27）。而石膏墙面或是玻璃、木材等立面工艺，在立体绿化的设计和布置上就需要更多的考量。

4.3.2 工艺的选择

不同的立体绿化形式需要根据现有空间结构以及设计所需要的效果选择不同的工艺方法得以实现，工艺的选择需要便于

安装、维护，并且可持续。

目前，室内立体绿化的工艺主要包括攀爬垂吊式、布袋式、模块式、铺贴式。这4种方法主要应用于室内绿植墙的种植，而装置式立体绿化和大小空间式立体绿化则可以在绿植墙工艺以及传统庭院种植方法上加以借鉴和改进。以绿植墙为例，在景观效果的持续性上模块式工艺是最佳的，其次是铺贴式和布袋式。不同的工艺也会带来不同的造价和维护成本，例如布袋式植物墙后期维护费用最高，因为需要定期更换植物以维护更好的景观效果。同时同一植物墙工艺，不同的做法技术和营养基质都会影响植物墙景观效果。

1. 攀爬/垂吊式

攀爬/垂吊式立体绿化工艺主要是利用植物攀附的自然属性，应用在让攀援植物与建筑结构相结合的结构式设计。包括植物顺着室内结构从下往上的自然攀爬或设置各种基槽让植物自上而下地形成连续的绿化形式。在室内空间较大例如商场中庭空间等需要表现大型垂直绿化时，也会利用钢索结构设置牵引装置配合攀援植物以达到理想的效果（图4-28）。

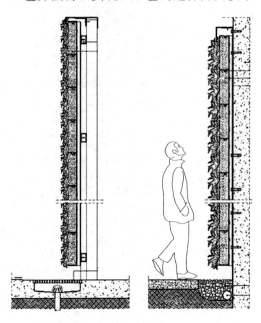

图4-27 混凝土墙体立体绿化

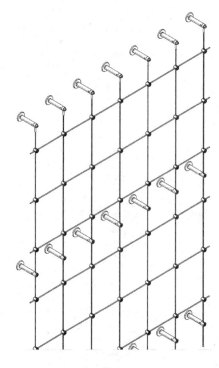

图4-28 攀爬垂吊式立体绿化结构

2. 布袋式

布袋式立体绿化是在墙面做好防水处理后，在墙面上设置一些轻软的材质作为植物的生长载体，比如毛毡、椰丝纤维、无纺布等，然后在这些载体上缝制布袋。通过在轻软材质（布袋）中种植植物打造立体绿化。布袋式工艺由于其材质的特殊性，在选择灌溉方式时可以选择渗灌的方式，让水流沿着轻软材质向下渗透，能够很好地保持植物的水分。

3. 模块式

模块式立体绿化工艺是利用模块化构件来种植立体绿化，主要是通过各种形状的单体构件进行搭接或绑缚，将其固定在立体结构上以实现墙面绿化效果（图4-29）。其结构系统包括：结构支架、植物种植基盘、种植基质、植物、自动滴灌系统等。模块式墙面绿化是目前打造室内立体绿化最为系统的方式之一，其表现形式也最为多样，可以事先在模块中按植物和图案的要求预先栽培植物并养护再进行安装，形成各式的景观效果。由于模块式立体绿化的持久性和可控性较好，适用于很多高难度的大面积垂直绿化。

4. 铺贴式

铺贴式立体绿化即将已经培养好的绿化植物块直接铺贴到立体结构上。在培育植物时可以选择毡、无纺布、椰丝纤维等为载体，当植物培育好后能够直接覆于立面上，无需再另外构建支撑结构，从而很大程度上降低了建造成本。但铺贴式绿化基质较薄，能够实现铺贴式种植的植物也较为有限。

4.3.3 立体绿化照明

光环境是植物生长必不可少的重要因素之一，所以植物照明的设置也是室内立体绿化的重要技术之一。通常来说植物需要的光需要满足3000～10000lx，部分植物能够在光线较弱的环境生长，但基本要控制光量不低于1000lx。一般来说室内照明为300～500lx，远远不能满足植物的生长，所以需要配合立体绿化的设计，安装合适的人工光源。

灯光同时也可以成为立体绿化独特的设计表现手法，通过将绿化与灯光进行搭配，不但能够利用人工光源补光，同时灯光渲染也能为立体绿化景观烘托氛围（图4-30）。在合适的植物灯下，重新塑造植物的色彩和质感，例如强光线能够使植物的明暗对比强烈、色彩鲜明、整体质感粗犷，而弱光线则能够使植物的明暗对比减弱、色彩柔和，植物的肌理更趋精细。所以灯具本身的装饰性在一定程度上也能给立体绿化起到画龙点睛的作用。

4.3.4 灌溉技术的选择

立体绿化的灌溉技术一般分为喷灌法

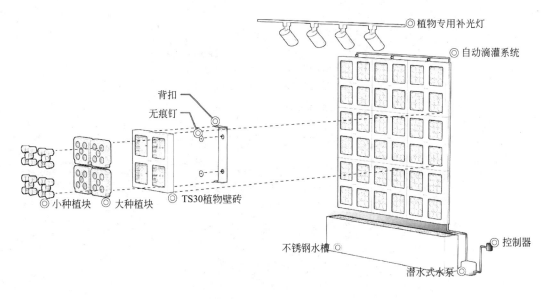

图4-29 模块式立体绿化结构

和滴灌法。对于较大型的立体绿化尤其是空间式的绿化非常适合采用喷灌方式，因为其灌溉速度快且不会限制绿化的面积大小和绿化形式。而对于大多数空间较小的室内立体绿化来说（主要以植物墙的形式呈现），喷灌的方式不易于水分到达植物的根部，所以在面积不大的空间内通常采用内置滴灌的方式。通过在承载结构的最上方上设置一排主水管，然后通过支系水管或垂直重力让水源缓缓灌溉下方植物（图4-31）。滴灌法需要注意植物基质的疏松程度，太过紧密的基质不适合水源的渗透，而太过疏松的基质则不适合水分的保持。目前滴灌技术也越来越成熟，通过设置可以定时开启和关闭水源的阀门，已经成为半智能的浇灌系统，基本不需要人工浇灌。

图 4-30　立体绿化照明设计

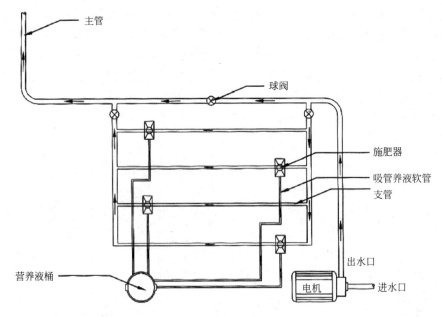

图 4-31　立体绿化灌溉系统示意

第5章 绿化设计的程序、方法与制作

室内绿化设计有着特定的步骤、方法以及原理，植物的功能作用、特性的运用、种植布局以及取舍是整个程序的关键。因植物在自然界中几乎都是以群体的形式而存在，设计时需将植物当作基本群体完成设计，而非单体地处理植物素材。而且，绿化设计与多种材料、空间条件、使用要求、维护保养等因素密不可分，因而需要一套严谨而全面的过程才能实现设计目标。

5.1 绿化设计的程序

一般而言，多数室内绿化项目最终的实施都要首先与业主、投资方、使用方等进行深入交流从而明确设计目标；对场地及当地气候、植物、文化等进行调研；综合考虑各种因素后确定设计风格并进行初步的方案设计；方案经过深化和发展后进行施工图绘制、预算等，最终提交施工方进行施工（图5-1）。

明确设计目标 → 场地调研 → 风格的选择与确定
↓
施工 ← 设计图纸及材料表 ← 方案-草图

图5-1 绿化设计的基本程序

5.1.1 前期准备

在着手设计前，必须对项目进行深入和细致的分析，以发现未知的问题，从而为提出合理的设计目标提供坚实的基础。毕竟，设计师的工作是为业主解决问题的。

1. 确定设计目标

业主要求：投资、功能要求、使用对象等。

室内绿化与景园设计既是一门艺术，具有与绘画、音乐等共通之处，也是一门服务性的工作，必须对设计对象的背景情况有充分的了解与分析。通过与业主交谈，可以了解其要求、品位和喜好，以及业主潜在的未来需求；也可以请业主列出需求清单，但设计师所需要满足的，远远多于清单上的要求，毕竟，多数业主是非专业人士，很难从专业的角度提出长远的设想或要求。从功能需求来看，以装点美化、调节室内环境为实用功能，以障景、区域划分隔断为辅助功能；使用对象的年纪、职业、性别构成、行为特点等，都是景园在未来的使用要求方面存在的限制条件。

2. 场地资源及现有条件

包括场地的位置、地形（图5-2）、视野、朝向、树荫、风洞、排水、光线等（图5-3）。需要考察的条件还包括：

（1）设施位置（如上、下水管的位置、水龙头）——与水体的位置、形态、排水等相关。

（2）楼板厚度、是否有地下室——与水体深度和种植土的厚度相关。

（3）室内视野与视线、场地周围可发生的气味或声音——与景园的平面布局、植物搭配形式相关；与借景、障景等的手法可否运用相关。

（4）场地的朝向与自然采光情况、是否有自然光影——与植物品种的选择、植物种植的位置以及植物季相的变化等相关。

（5）原地面的高差或坡度情况等——与景园竖向设计相关。

（6）气候——与植物的生长、建筑材料的使用直接相关。虽然对于室内空间来说，微气候的变化不是那么明显，但也与其所在地区的气候相关。

（7）人造光源的敷设对室内绿植的光合作用及生长的促进作用。

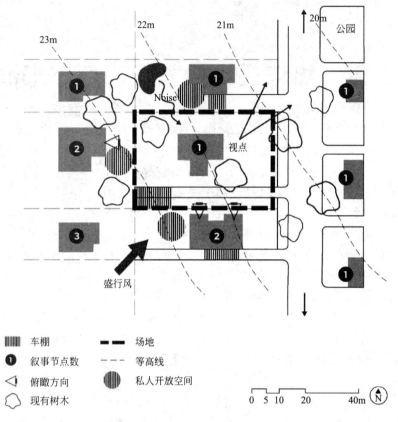

▥	车棚	▰▰▰	场地
❶	叙事节点数	---	等高线
◁	俯瞰方向	▨	私人开放空间
✿	现有树木		

0 5 10   20   40m ⊕N

图 5-2 场地分析图

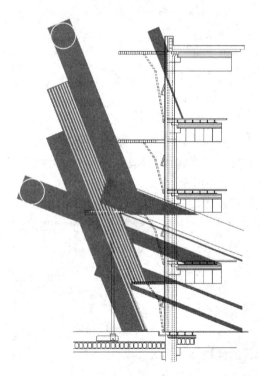

图 5-3 场地的朝向与光线

（8）场地坡度（室内是否有台阶或者跌级）、既有界面是否需要平整处理等。

3. 设计风格的初步讨论

建筑的风格和建筑年代，室内设计的风格与使用要求，这些都与室内绿化的风格、植物材料的选择直接相关。实际上室内绿化与景观的风格通常受到各方因素的影响，包括使用者的喜好、建筑、室内装饰风格及空间可用面积、地域特征、造价控制等。总体来看，室内绿化设计风格的确定有两种思路：一种是与建筑、室内设计风格相一致，将绿化设计和室内装饰设计作为一体开展设计；另一种是绿化设计风格与建筑及室内装饰风格不完全一致，造成这种情况有两方面因素：一种是物理空间的限制，无足够的空间种植大型观赏植物，另一种则是对室内绿化有特殊功能上的需求而导致，针对此情况需要具体研讨；地域特征则是因地制宜，优先选择本地常用植物用于造景，避免选择名贵物种和受温度、湿度影响较大的物种，不利于后期的养护工作；造价控制，造价因素不会改变使用者对于风格的选择，而是会影响到最终展现效果。

因此，风格最终由使用者依据造价、空间尺度、地域特征，以及后期便于打理的原则进行综合考虑，确定合适的绿化设计风格和植物选择。常用的风格有热带茂盛风格、中式素雅风格、欧式风格、现代简约风格等。

5.1.2 设计理念的提出

1. 提出室内景园绿化设计的目的、明确需要解决的问题

在前期准备的资料基础上，针对本项目应达到的目标、需满足的要求、需解决的问题，提出将来可能潜在的要求或问题。后续的具体设计工作都是围绕此目标而进行的。室内绿化的目标一般是为了美化室内环境、营造氛围、突显主人喜好和文化品位、增加生机活力，同时兼具隔断和障景用处。因此，在诸多的目标中，需要依托室内空间格局（平面紧凑型、大平层型、叠拼型、Loft型等）、空间环境条件（如朝向、光照、湿度等）和使用者的主、次需求，设计师综合上述条件提出设计理念和具体需要解决的问题（图5-4）。

2. 方案-草图

设计方案，是在构思和目标明确的基础上完成的设计初步表现，可以采用手绘线稿、电脑辅助设计（CAD、SketchUp等软件）的方式，方案草图可以结合意向图（已有的其他案例实景图或者效果图）的方式，让业主对设计师的设计方案了解得更加清晰，从而提出明确的修改意见，增加了双方的沟通效率（图5-5）。

3. 绿化空间规划理念——比例与尺度的协调

在空间设计中，比例和尺度是关键因素。室内景园绿化空间规划的困难在于，需要在建筑室内空间中满足人们对于室外空间感的要求。毕竟，景园原本就是位于室外的，在室内塑造景园，也是为了满足人们对自然的向往和提升室内环境的自然属性。然而，室内外空间的尺度比例关系显然具有不同的标准。例如，户外空间常常以天空为界，使用室内的尺度显然会让人感觉拘束而不舒服，但是，室内景园受到场地空间的限制也是客观存在的。

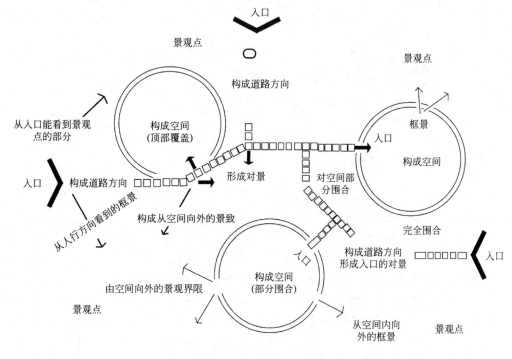

图 5-4　方案功能分析图

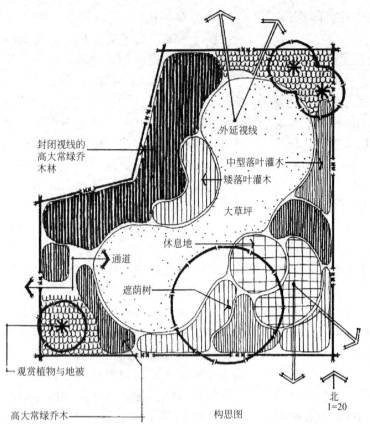

封闭视线的
高大常绿乔
木林

外延视线

中型落叶灌木

矮落叶灌木

大草坪

休息地

通道

遮荫树

观赏植物与地被

高大常绿乔木

构思图

北
1=20

图 5-5　方案构思草图

图 5-6　比例与
尺度的协调

因此，设计师应结合实际需要和人的心理特征，寻求最佳的平衡方案。结合人体尺度，将不同的人体姿势和所使用的空间紧密结合。园路、台阶和凉亭尺度可比室外园路稍小，但应兼顾舒适和私密性的需求，合适的尺度和比例是景园设计的基础，人们之间的距离也是根据空间的大小来决定的（图 5-6）。

4. 初步设计概念：平面构图→形态的尝试→图案的尝试→立体感的加入→构图设计

硬质景观、植物和水共同构成了景园，从最抽象的角度而言，景园也可以看作是由线条和图形组成的图案。因此，在深入设计具体的元素和细部之前，首要考虑如何运用形状、线条和图案创造不同风格和特点的景园。

从基本形态的尝试入手（图 5-7），如

118

方形和圆形，或者它们的局部（很少有完整的图形）。若引入圆形构图，圆形常常居于构图的主导地位。同样，直线式构图中，矩形或部分矩形则居于主导地位。当然，无论圆形还是矩形，都常常是由若干个局部片段组合而成。在此平面构图的基础上，尝试以实体（景观实体）和虚体（活动场地空间）来增加立体感。实际上，

实体和虚体同样重要，两者的相互关系形成了景园的特征。

圆形最重要的是圆心、圆周、半径和直径；方形最重要的是边线、轴线、对角线以及它们的延长线（图5-8）。各种形态配合形成具有向心性、方向性的平面布局关系（图5-9）。

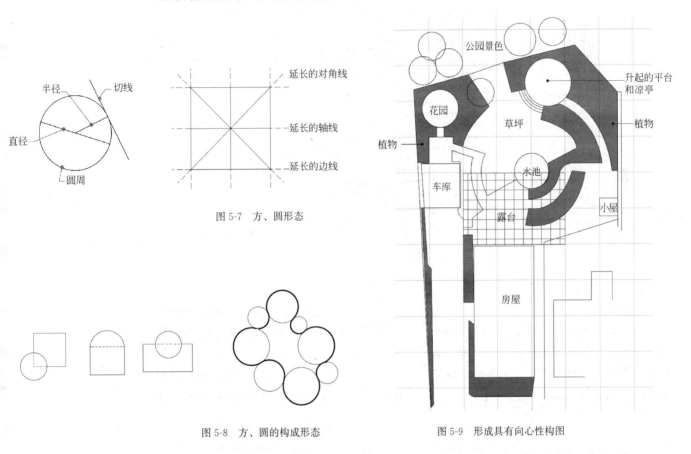

图 5-7　方、圆形态

图 5-8　方、圆的构成形态

图 5-9　形成具有向心性构图

5. 垂直和架高要素——台阶、坡地等

在初步设计阶段，确定软硬质地面在图中的位置后，努力想象它的三维效果。高差变化的垂直和架高要素能丰富景园的立体效果，但它们的设置也绝不是纯粹从效果出发的。景观视线、场地的客观条件要求才是前提条件。在满足这些条件的基础上，良好的视觉效果才是经得起质疑的（图5-10）。

实际上，即使很小的高差变化，也能给景园带来意想不到的趣味感，因而别具视觉吸引力。例如，种植物的抬高，不仅

可使挡土墙兼具座椅的功能，还使排水和光照情况改善，甚至挡土墙本身也成为景观兴趣点。

这些要素包括台阶、坡道、墙体、乔木、凉亭、廊架等。但是，在这个阶段，没必要确定这些要素究竟是何形态或材料，只需在平面图上简单地标注其位置和大体尺寸即可。需要注意的是，这些垂直要素应避免设置在景园正中的部位。而且，它们的尺度相对室外庭园来说，应小一些，介于室内外尺度的中间即可。

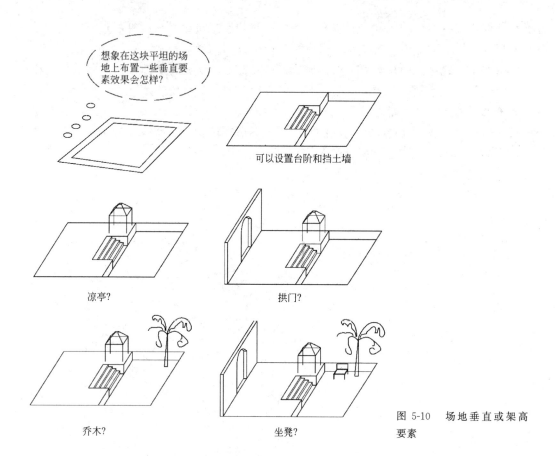

图 5-10　场地垂直或架高要素

5.1.3　方案的形成

1. 场地布局的构图

在这张图上应注明具体的硬质铺地、水体、园路、绿化范围的定位和尺寸；各种材料的标注；地面标高、与室内建筑环境的定位关系等（图 5-11）。

2. 栽培计划

种植设计之前，应重新审视最初的景园设计的目标。硬质景观和水体的布置完成后，应利用植物来进一步完善和充实设计。虽然在初步设计阶段，选用何种类型的种植风格来完善设计已比较明确了，现

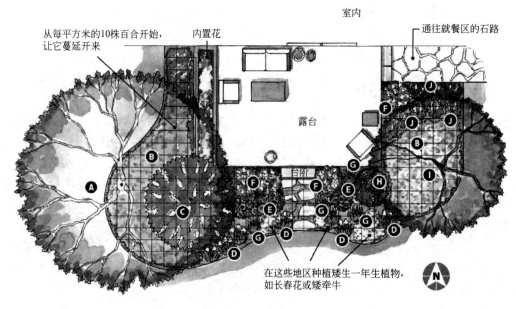

图 5-11　方案平面布置图

阶段的工作是将其转化为具体的设计部分，具体而言，需要表达出植物群体的特征，如乔木、灌木、地被等；尺度的描述，如高5～6m；种植的要求，如大体的间距；季相的要求，如常绿或落叶等。

（1）种植平面图

对每一株植物进行精确的定位，用图例标出植物的位置和每株植物的冠幅，并标注正确的名称，以及任何成组植物的精确数量。在植物列表中，所有的植物都应根据乔木、灌木、攀援植物等进行分类，并按照字母顺序排列，再附上精确的数量（图5-12、表5-1）。

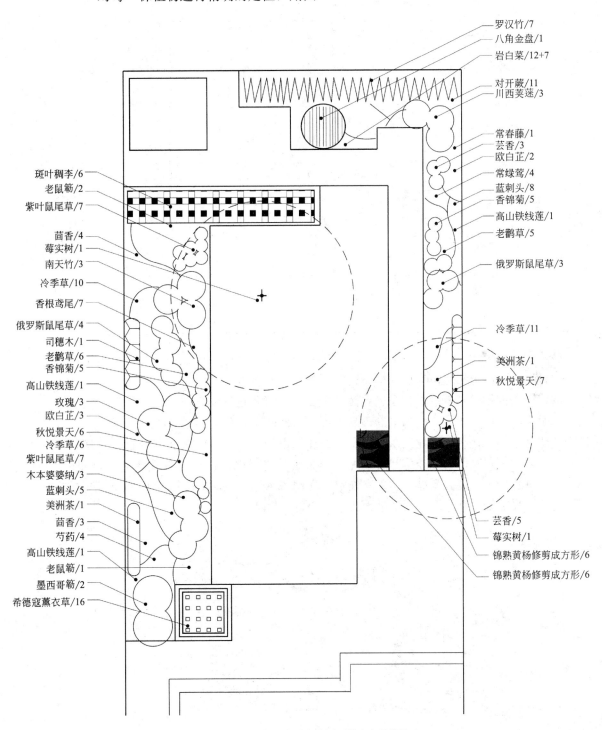

罗汉竹/7
八角金盘/1
岩白菜/12+7
对开蕨/11
川西荚蒾/3
常春藤/1
芸香/3
欧白芷/2
常绿鸢/4
蓝刺头/8
香锦菊/5
高山铁线莲/1
老鹳草/5
俄罗斯鼠尾草/3
冷季草/11
美洲茶/1
秋悦景天/7
芸香/5
莓实树/1
锦熟黄杨修剪成方形/6
锦熟黄杨修剪成方形/6

斑叶稠李/6
老鼠簕/2
紫叶鼠尾草/7
茴香/4
莓实树/1
南天竹/3
冷季草/10
香根鸢尾/7
俄罗斯鼠尾草/4
司穗木/1
老鹳草/6
香锦菊/5
高山铁线莲/1
玫瑰/3
欧白芷/3
秋悦景天/6
冷季草/6
紫叶鼠尾草/7
木本婆婆纳/3
蓝刺头/5
美洲茶/1
茴香/3
芍药/4
高山铁线莲/1
老鼠簕/1
墨西哥簕/2
希德寇薰衣草/16

图5-12　种植平面图（/后面数字表示数量）

种植数量统计表   表 5-1

序号	名称	数量(株)	序号	名称	数量(株)
1	罗汉竹	7	16	常绿莺	4
2	八角金盘	1	17	蓝刺头	13
3	岩白菜	19	18	香锦菊	5
4	川西荚蒾	3	19	高山铁线莲	2
5	常春藤	1	20	老鹳草	5
6	希德寇薰衣草	3	21	俄罗斯鼠尾草	7
7	欧白芷	2	22	冷季草	11
8	美洲茶	2	23	老鼠簕	2
9	秋悦景天	13	24	芸香	8
10	莓实树	2	25	芍药	4
11	锦熟黄杨树	12	26	茴香	4
12	木本婆婆纳	3	27	斑叶稠李	6
13	玫瑰	3	28	紫叶鼠尾草	7
14	司穗木	1	29	香根鸢尾	7
15	对开蕨	11	30	蓝天竹	3

（2）种植立面图

仅仅在平面图上考究植物的种植还远远不够，立面的推敲必不可少。通过立面图来显示不同形态、轮廓（例如球形、圆锥形、圆柱形等）植物的搭配关系，以及它们的尺度比例关系、常绿和落叶的搭配和叶片肌理色彩之间的关系等。如果立面图展现出不妥之处，常常需要回到平面图进行调整。如此反复几次，才可能达到完美的效果（图5-13）。

3.详细设计文件

平面布置图、绿植布置图、植物图片，以充分表达设计意图（图5-14），如地形的变化；各种景观元素和植物的立面关系；主要景观视线中的视觉效果等。

图5-13 种植立面图

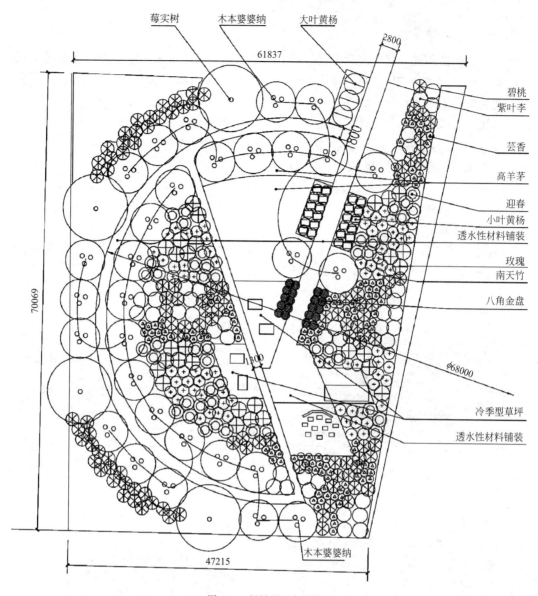

莓实树　　　木本婆婆纳　　　大叶黄杨

2800

61837

70069

47215

碧桃
紫叶李
芸香
高羊茅
迎春
小叶黄杨
透水性材料铺装
玫瑰
南天竹
八角金盘

φ68000

冷季型草坪
透水性材料铺装

木本婆婆纳

图 5-14　绿植平面布置详图

5.2　室内绿化设计的方法

绿化植物的设计不用遵循非常严格的规定。如果说有原则的话，那就是以一种轻松的心态、尽情发挥你的想象，享受使用植物的过程了。总结起来，可以归纳为以下几点。

5.2.1　构思原则

绿化设计的灵感可以来自与植物有关的各个方面，无论是明信片、绘画，还是照片、墙纸，或是纺织品和中国传统设计，都是极佳的灵感源泉。过去的大师们已经为我们作出了榜样。

1. 美学原则

美，是室内绿化设计的重要原则和动因。因此，必须依照美学的原理，通过艺术设计，明确主题，合理布局，分清层次，协调形状和色彩，才能产生清新明朗的艺术效果，使绿化布置很自然地与室内装饰艺术联系在一起。因为体现室内绿化装饰的艺术美，必须通过一定的形式，使其构图合理、色彩协调、形式和谐（图 5-15）。

（1）构图合理

构图是将不同形状、色泽的物体按照美学的观念组成一个和谐的绿化景观。绿化装饰要求构图合理（即构图美）。构图是装饰工作的关键问题，在装饰布置时必须注意两个方面：其一是布置均衡，以保持稳定感和安定感；其二是比例合理，体现真实感和舒适感。

均衡，包括对称均衡和不对称均衡两

123

种形成。对称的均衡，显得规则整齐、庄重严肃；与对称均衡相反的是，室内绿化自然式装饰的不对称均衡。如在客厅沙发的一侧摆上一盆较大的植物，另一侧摆上一盆较矮的植物，同时在其近邻花架上摆上一悬垂花卉。这种布置虽然不对称，但却给人以协调感，视觉上认为两者重量相当，仍可视为均衡。这种绿化布置得轻松活泼，富于雅趣。

比例合理，指的是植物的形态、规格等要与所摆设的场所大小、位置相配

套（图 5-16）。室内绿化装饰犹如美术家创作一幅静物立体画，如果比例恰当就有真实感，否则就会适得其反。比如，空间大的位置可选用大型植株及大叶品种，以利于植物与空间的协调；小型居室或茶几案头只能摆设矮小植株或小盆花木，这样会显得优雅得体。为了既满足植物合理的生长空间和光照条件，又满足人的视觉感受，植物的高度一般不超过空间高度的 2/3，否则，会造成空间压抑感。

图 5-15 室内绿化要满足构图合理、色彩协调、形式和谐的总要求

图 5-16 植物的尺度与空间场所比例合理

掌握布置均衡和比例合理这两个基本点，就可有目的地进行室内绿化装饰的构图组织，做到立意明确、构图新颖、组织合理，使室内植物虽在斗室之中，却能"隐现无穷之态，招摇不尽之春"。

（2）色彩协调

从植物花卉我们可以看出，自然界中的色彩是无穷无尽的。不仅同一物种的色彩有差异，即使是一根树枝上的每朵花，甚至花瓣的不同部分，颜色都是不尽相同的。相比之下，我们的语言实在是显得太贫乏了——紫色、粉红、橙黄……又怎么能描述那些缤纷的植物呢。

人眼对植物色彩的印象取决于几方面的因素：首先是它的固有色；其次是它的光泽度和透明度；第三，是它的肌理（图5-17）。

当然，光的因素也不可忽略。因此，室内绿化设计要根据室内的整体色彩状况而定。如以叶色深沉的室内观叶植物或颜色艳丽的花卉作布置时，背景底色宜用淡

图 5-17 植物色彩肌理（彩图见附页）

色调或亮色调，以突出布置的立体感（图5-18）；居室光线不足、底色较深时，则宜选用色彩鲜艳或淡绿色、黄白色的浅色花卉，以便取得理想的衬托效果。陈设的花卉也应与家具色彩相互衬托。如清新淡雅的花卉摆在底色较深的柜台、案头上可以提高花卉色彩的明亮度，使人精神振奋。此外，室内绿化装饰植物色彩的选配

还要随季节变化以及布置用途不同而做必要的调整。

（3）形式和谐

植物形态是室内绿化装饰的第一特性，它给人以深刻印象，在进行室内绿化装饰时，要依据各种植物的各自姿色形态，选择合适的摆设形式和位置，同时注意与其他配套的花盆、器具和饰物间搭配协调，力求做到和谐相宜。如悬垂花卉宜置于高台花架、柜橱或吊挂高处，让其自然悬垂；色彩斑斓的植物宜置于低矮的台架上，以便于欣赏其艳丽的色彩；直立、规则植物宜摆在视线集中的位置；空间较大的中心位置可以摆设丰满、匀称的植物，必要时还可采用群体布置，将高大植物与其他矮生品种摆设在一起，以突出布置效果（图5-19）。

图 5-18　为室内灰色调子增加了一抹绿色　　　　图 5-19　高大植物与矮小植物搭配

2. 功能原则

室内绿化装饰必须符合功能的要求，这是室内绿化装饰的另一重要原则。所以，要根据绿化布置场所的性质和功能要求，从实际出发，达到绿化装饰美学效果与实用效果的高度统一。如书房是读书和写作的场所，应以摆设清秀典雅的绿色植物为主，以创造一个安宁、优雅、静穆的环境，起到缓解疲劳、镇静悦目的功效，而不宜摆设色彩鲜艳的花卉（图5-20）。位置得当也很重要。植物布置要考虑到房间的光照条件，枝叶过密的花卉如果放置不当，可能给室内造成大片阴影，所以一般高大的木本观叶植物宜放在墙角、橱边或沙发后面，让家具挡住植物的下部，使它们的上部伸出来，改变空间的形态和气氛。

3. 经济原则

室内绿化装饰除要注意美学原则和实用原则外，还要求绿化装饰的方式经济可行，而且能保持长久。设计布置时要根据室内结构、建筑装修和软装的风格，选配合乎经济水平的档次和格调，使室内"软装修"与"硬装修"相协调。同时要根据室内环境特点及用途选择相应的室内观叶植物及装饰器物，使装饰效果能保持较长时间。立体绿化的种植墙的形式就显得较为经济（图5-21）。

总的来说，绿化设计的原则可从以下几方面来把握。

（1）主题：不仅要根据室内空间的功能要求，还要根据使用的对象、室内环境特点以及经济性确定。

（2）风格：根据室内空间的格调、住宅空间所在地区的气候条件，以及空间个性要素决定（图5-22）。

图 5-20　植物的选择与房间功能一致

图 5-21　立体种植墙突显经济节约性和维护便利性

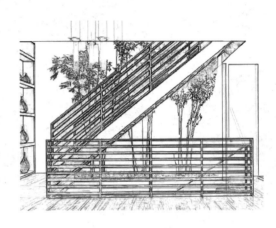

图 5-22　利用楼梯下边角空间布置植物

不同的植物形态和不同室内风格有着密切的联系，决定了给室内创造怎样的气氛和印象（图 5-23）。不同的植物形态、色泽、造型等都表现出不同的性格、情调和气氛，如庄重感、雄伟感、抒情感、华丽感、淡泊感、幽静感……应和室内要求的气氛达到一致。

（3）布局：植物的布局首先需要考虑视觉条件。人的视野最佳视域在视平线以上 40°及以下 20°之间。不同的视角带来不同的视觉效应。如：平视指水平线上下各

13°，这时会产生一种平静感，而仰视角大于 13°时产生庄严感，同样，俯视角大于 13°会带来喜悦感。其次，要考虑植物布局与室内空间之间关系。室内绿化方式，分为水平绿化，垂直绿化，也就是地面上、台桌面上与沿柱、墙布置的绿化（图 5-24）。

5.2.2　植物的选择

对于植物材料的选择丝毫不比绿化设计来得容易。作为室内绿化装饰的植物材

图 5-23　经过修剪的植物与家具形态达成呼应关系

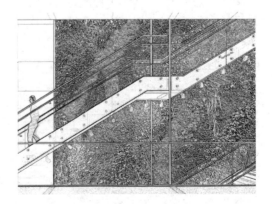

图 5-24　利用原建筑墙面布置绿化

料，除部分采用观花、观果植物外，大量采用的是室内观叶植物。这既是由花卉植物的特点所决定——花卉的形象受到季节的影响而变化显著；也是由环境的生态特点和室内观叶植物的特性所决定的。这就要求我们对植物的生态习性、观赏特点以及空间环境条件有充分的了解。总的来说，一是选用生长健壮的常绿耐阴品种（图5-25）；二是选用无特殊气味不带针、刺、毛的品种。而在某些特定的场合或仪式中——如婚礼、宴会等，则可以选择更多的花卉。具体在实践操作中，要考虑以下因素：

1. 空间适宜性的选择

室内的植物选择是双向的，一方面对室内来说，是选择什么样的植物较为合适；另一方面对植物来说，应该有什么样

的室内环境才能适合生长。因此，在设计之初，就应该和其他功能一样，制定出一个"绿色计划"。植物的体量要与空间大小相适应，不同大小的空间要选择不同体量的植物材料；植物的形态、质感、色彩也要与房间的用途相协调，如书房配置文竹、兰花之类，能使空间显得典雅和幽静。根据上述情况，在室内选用植物时，应首先考虑如何更好地为室内植物创造良好的生长环境，如加强室内外空间联系，尽可能创造开敞和半开敞空间，提供更多的日照条件，采用多种自然采光方式（图5-26），尽可能挖掘和开辟更多的地面或楼层的绿化种植面积，布置花园、增设阳台，选择在适当的墙面上悬置花槽等，创造具有绿色空间特色的环境氛围。

图5-25 常绿耐阴树种

图5-26 自然采光有利于植物的生长和维护

2. 植物自身特点

要考虑其形状，如万年青、富贵竹等是直立形的、可落地摆放；而紫露草、吊竹梅、蟹爪兰、吊兰、常春藤、白粉藤、文竹等是匍匐形的，可作为悬吊式布置；其他如冷水花、豆瓣绿等，形体较小，则可用作案头或几架摆设。其次，很多室内观赏植物，如组合在一起摆放能更充分地发挥出各自的优势，达到意外的效果。做法上一般将高而直立的植物放在后面，灌木状的置于中间，悬吊状的挂在前面，使其有层次感，做到错落有致。另外，色彩鲜艳的植物，如红枫、变叶木等和形状独特的，如景天科、大戟科类植物，以及如

金橘、珊瑚樱等观果类植物，则宜单独放置，突出其特点和优势。伞树、马拉巴栗、美丽针葵、鸭脚木、观棠凤梨、龟背竹等，本身就具有图案美；琴叶喜林芋、散尾葵、丛生钱尾葵、龟背竹、麒麟尾、变叶木等，本身具有显著的外形特征。总之，如按照植物的高度、形状、颜色进行合理地选择和配置，将可以达到良好的效果。

（1）植物的尺度。一般把室内植物分为大、中、小三类：小型植物在0.3m以下，中型植物为0.3～1m，大型植物在1m以上。植物的大小应和室内空间尺度以及家具获得良好的比例关系（图5-27）。

小的植物没有组成群体时，对大的开敞空间影响不大；而茂盛的乔木会使一般房间变小，但对高大的中庭又能增强其雄伟的风格，有些乔木也可抑制其生长速度或采取树桩盆景的方式，使其能适于室内观赏。在大空间里，植物多要与山石、流水相结合，在大空间里创造出相对独立的小空间（图5-28）。植物可疏密相间，用花草衬托，创造自然环境，既有室内感，又

有户外感。而在相对独立的小空间里则应是一个主题，选择造型别致、亲切、宜人的小型盆栽来布置室内环境。

（2）植物的色彩：是另一个须考虑的问题。鲜艳美丽的花叶，可为室内增色不少。简单地说，植物的色彩选择应和整个室内色彩取得协调，以绿为主，宁雅勿俗，并且与家具、墙的色彩取得呼应关系（图5-29）。

图 5-27 植物尺度与空间家具相协调

图 5-28 利用植物在大空间中营造独立小空间

图 5-29 绿色植物作为基础色

由于可选用的植物类型和种类多样，对多种不同的叶形、色彩、大小应予以组织和简化，避免由于过多的对比而使室内显得凌乱。

（3）形状与品种：形状分为落地植物、盆栽小型植物、线状造型、球形等。不同植物给人以不同美感。观花植物（图5-30），如月季、海棠、一品红，使人感觉温暖、热烈。散香植物，如米兰、茉莉，绚丽芳香、沁人肺腑。观果植物，如金橘、金枣、石榴，逗人欢喜快慰，而联想大自然的野趣。观叶植物，如文竹、万年青、橡皮树，碧绿青翠，使人宁静、娴雅、清爽（图5-31）。

图 5-30 观花植物

图 5-31 室内阳台布置不同大小、形状的观叶植物

（4）注意少数人对某种植物的过敏性问题。最常见的是花粉过敏，有过敏和哮喘的人的家中不宜放置类似百合之类的植物。

3. 风格因素的选择

由于植物本身带有强烈的地域和文化信息，因此不同的空间条件、绿化设计风格都需要选择不同的植物品种。例如现代室内为引人注目的宽叶植物提供了理想的背景，而古典传统的室内可以与小叶植物更好地结合；盆景只有在中式的室内装饰中，或在红木几架、博古架以及中国传统书画的衬托下，方能显其内涵——中国传统文化和审美情趣。

（1）中式自然风格常用植物

东方人喜欢把美学建立在"意境"的基础之上，讲究诗情画意，自古以来中国形容美景就会用"如诗如画"，足以显示中国的民族特性中，喜欢自然的思想。而在中华民族性格中又有着特有的内敛与含蓄，很多语言不会直白地表达，这样就需要借助与其他事物来委婉道出，也会给一些植物予以一些寓意。如松、竹、梅，代表着高风亮节；君子兰代表主人的品性，水仙代表一种高雅、脱俗的气质。此外，中国的文化特色喜欢点到为止，这种美学思想运用在中式的室内绿化装饰中，就使得在选取植物时需要注意，宜精而不宜多。绿化装饰更重自然的美感，而较少人

工的雕琢，以此形成了特有的植物配植方式。中式风格在选用植物进行室内绿化装饰时也应该多加注意，植物宜选用形态与整个室内环境相宜的，颜色上要少用太多浓艳的色彩。宜选择具有传统韵味的植物，如迎春、君子兰、水仙等。中式风格的室内绿化在意境上通常为"点到为止"，因此在风格上就以点式为主。点式，如小型盆栽、插花等，一般比较精致而又带有一些寓意。有时会配以中式的花架，更加凸显植物个性。这种形态在布置上有两个作用：一是用来吸引人们注意，丰富室内空间，柔化室内普通的直线条，二是作为陈设点缀，甚至是艺术品或者是成为一种独立景观进行欣赏。如有些中式风格的家居室内绿化设计中摆放一些盆景，用岩石与植物搭配在一起，造型优美的盆景单独置于室内一隅，会为室内增色不少（图 5-32）。

图 5-32 中式风格绿化

典型植物：苏铁、芭蕉、竹、文竹、梅、吊兰、万年青、金橘、牡丹、桃、兰花、菊花、竹子等。

（2）欧式风格

欧式风格的室内装饰绿化秉承了西方园林追求征服自然为美的传统，有些侧重于重复的摆设的韵律，和人工雕琢后的美感。欧式风格植物绿化方式可分为两种。

一种是自然式的欧洲庭园风格，这种

绿化装饰采用植物的原生态形式,不经过加工和雕琢,体现一种自然的美感。在使用植物进行装饰时,材料的选用也比较多样化,如,小乔木、灌木与草木结合,高低错落地布置在一起,显得丰满、层次丰富。布局的位置可以设置在餐厅与客厅的交界处,或者是阳台等处。从生态方面来看,绿化布置能够很好地改善室内的环境,南侧的绿化能遮挡夏日射入的阳光,而马路一侧的绿化可以很好地遮蔽窗外杂乱的景象,降低噪声。

另一种是规则式的室内绿化营造方式,植物的种植与摆放讲求对称和均衡,植物也多经过加工,形态也趋于一致,对于植物形态的要求比较严格,有人工雕琢的痕迹。在设计方式上常采用线状绿化的方式。在室内绿化的整体布局上,线状绿化要充分考虑植物高低、曲直、长短等,要以空间组织的需要和构图规律为依据。线状绿化配置实际上是要体现一种重复的

美,因此,多选用同一体形、同一大小、同一体量和同一色彩的植物作为装饰材料,尤其是室内花槽更要如此,以便植物群的外观达到整体统一的美化效果。在空间上,线状绿化的方向性比较强,也兼具引导功能。成线状排列的盆花、花槽、花带,起提示或引导人们行动的方向,同时兼顾划分空间的作用(图5-33)。

典型植物:红掌、白掌、郁金香、玫瑰、海桐(对植)。

(3)热带风格

热带风格常用的室内观叶植物多原产于热带,共同的外形特征就是高大挺拔、叶片宽大、叶形奇特、色彩艳丽,给人以生命力旺盛之感。大、中型盆栽多采用这些品种。常见的是在空间周围摆设棕榈类、凤梨类及橡胶榕和变叶木等叶片亮绿或色彩缤纷的大、中型盆栽,或是在角落采用密集式布置,表现房间深度,真正产生热带丛林的气氛(图5-34)。

图5-33 欧式风格绿化

图5-34 热带风格绿化

典型植物:虎皮兰、荷兰铁、莲花掌、芦荟、量天尺、印度榕、棕榈、椰树、棕竹、五彩凤梨。

(4)现代简约和北欧风格

随着生活、工作节奏的加快,以及居室空间的有限,渐渐兴起现代简约风格,利用墙面来营造室内立体绿化,培养的介质也趋于小体积的营养液和配置土,其具有空间占用小、营养持续时间长、维护简便的特点。另一种趋势是多肉植物的兴起,它的特点是

色彩艳丽，空间占用不大，便于携带和摆放，多放置于窗台和工作台前（图5-35）。

图5-35　现代简约风格绿化

常用植物：花叶芋、花叶万年青、竹节秋海棠、非洲紫罗兰、冷水花。

另外还有自然野趣的风格，在非常讲究而豪华的环境中反而能映现出自然的美。

典型植物：春羽、海芋、棕竹、蕨类、巴西铁、荷兰铁等。

民俗及地方风格，用材大胆，常以原木仿木构筑空间或竹架构筑空间，架上藤萝缠绕，处外绿意浓浓。农家风情则用色大胆，不仅可以选择一些有粗犷气质的绿色植物，而且常用浓烈的红色和黄色的植物装饰，如以悬垂成串的小红辣椒、葱、蒜，或过角处插上金黄色的麦穗点缀，原始淳朴，热情奔放。

典型植物：小叶蔓绿绒、常春藤、垂叶榕、各种食用植物。

5.2.3　植物的配置

植物的配置包括两个方面：一方面是各种植物相互之间的配置，考虑植物种类的选择，树丛的组合，平面和立面的构图、色彩、季相以及园林意境；另一方面是植物与其他要素，如石、水体、家具、建筑构件等相互之间的配置。

首先，考虑的是植物大小之间搭配（图5-36）。应首先确立乔木的位置，这是因为它们的配置将会对设计的整体结构和外观产生最大的影响。一旦乔木被定植后，灌木、插花和地被植物等才能得以安排，以完善和增强乔木形成的结构和空间特性。较矮小的植物就是在较大植物所构成的结构中展现出更具人格化的细腻装饰。由于乔木极易超出设计范围和压制其他较小因素，因此，在较小的空间中应慎重地使用乔木。

其次，考虑的是植物间的形式搭配。在设计布局中应认真研究植物和植物搭配，首先考虑其所具有的可变因素。与室外园林设计不同的是，室内绿化设计常选用常绿植物。即使是同样的形状由于枝桠结构不同而具有不同的视觉和空间方向感（图5-37）。

植物间最佳视觉效果，是在离地面2.1～2.3m的视线位置。同时要讲究植物的排列、组合，如前低后高，前叶小、色明，后型大、浓绿等（图5-38）。

图5-36　植物大小搭配

图 5-37 同样的形状由于枝桠结构不同而具有不同的视觉和空间方向感

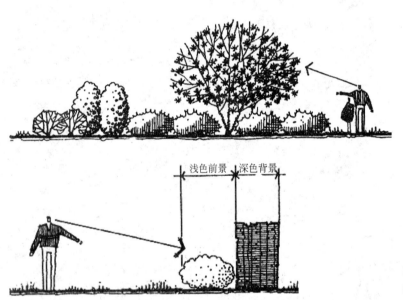

浅色前景 深色背景

图 5-38 形状和尺度的搭配

第三，在考虑植物色彩因素时，也应该同时考虑植物叶丛类型，这也是植物色彩的一个重要因素，叶丛的类型可以影响一个设计的季节的交替关系、可观赏性和协调性。在设计中，植物配置的色彩组合应与其他观赏性相协调，起到突出植物的尺度和形态作用。如一植物以大小或形态作为设计中的主景时，同时也应具备夺目的色彩。在处理设计所需要的色彩时，应以中间绿色为主，其他色调为辅。同时应多考虑夏季和冬季色彩。因为此两季节在一年中占据的时间较长。应该注意的是，即使是常绿植物，其色彩也会随着季节的更迭而发生变化。

第四，则是考虑植物的质地（图5-39）。在一个理想的设计中，粗壮型、中粗型及细小型三种不同类型的植物应均衡搭配使用。质地太多，布局又会显得杂乱。比较理想方式是按比例大小配置不同类型的植物。因此，在质地选取和使用上还应结合植物的大小、形态和色彩，以便增强所有这些特性的功能。

最后，是选择植物种类或确定其名称。在选取和布置各种植物时，应有一种

132

普通种类的植物，以其数量而占支配地位，从而进一步确保布局的统一性。按通常的设计原则，用于种植配置的植物种类总数应加以严格控制，以免量多为患（图5-40）。

雪花芦荟(叶面厚且末端成尖)

橡皮树(叶面质感如革)

龟背竹(叶面有间隙、孔洞)

椒草(叶面多皱褶)

蟆叶秋海棠(叶面有毛茸茸感)

榕树(叶面光亮如蜡)

图 5-39　植物不同的质地

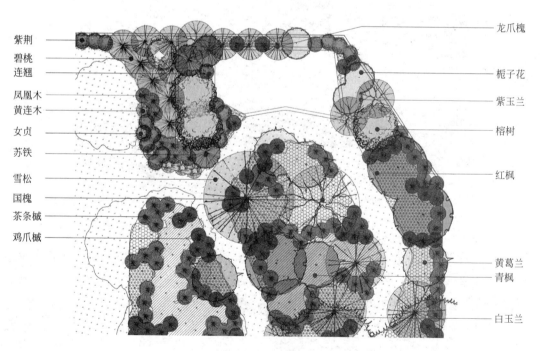

图 5-40　确定植物种类

另一方面，植物的摆放总是与空间环境内的相关要素相结合，即空间的风格，如营造"枯山水"时，常与细碎石块、构筑物相结合；营造热带风情时，常与水系相结合；营造的空间氛围从装饰风格到家具、布品等风格，一直延续到室内绿化的风格，浑然一体，没有任何突兀感。

5.3 综合绿化的制作与施工

5.3.1 现场尺寸校核、定点、放线

按照轴线或者墙柱为基准点或者测量现场尺寸，和图纸尺寸进行校核，避免出现图纸和现场尺寸的不一致的情况，若出现不一致，请设计人员依据情况的不同做出相应的调整，确保施工人员使用的图纸和现场尺寸一致，确保效果和前述设计目标一致。

依据设计图纸上的树木定位点按比例放样到场地上，以插木桩作为标记，此做法叫定点、放线。室内常用方格网法放线，因室内地势较为平坦。首先，按照比例图在设计图纸上画出 5m×5m 的方格，测量树木在方格上的距离，再按照比例放大，在场地中用绳或者石灰线画好方格，

定出树木在方格上的位置并插入小木桩，写明树名和规格型号。

5.3.2 加工基层龙骨

基层龙骨在平面和立面都有用到，焊接龙骨所用材料依据选用的植物自重而定，自重较大的植物安装时需要采用钢骨架做支撑，挂墙植物自重较重，且墙体为非混凝土结构时，在竖向上也需要采用钢骨架支撑来确保安全性。

若是采用自重轻，且体积占用小的立体绿化种植时，基层龙骨架的选择也会相应地选择轻钢龙骨石膏板隔断式样的基层龙骨体系。

将植物种植在模块中，施工方法是在墙体表面安装不锈钢或者木制的骨架，然后将植物墙模块安装于骨架之上，从而使在植物墙模块中的植物能够固定在立体垂直面上（图 5-41）。

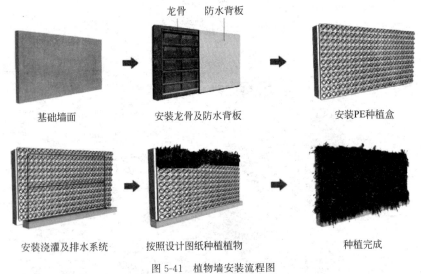

图 5-41 植物墙安装流程图

5.3.3 植物培养皿容器的加工定做

当完成了前三步的操作后，在植物放置前需要完成容器及培养皿的加工定做，既要保证可以容纳，也要保证一定的空隙率，因此，对于大型绿植需要采用加工定做的方式，现场焊接加工或者是现场量尺场外加工；针对立体绿化的小的植物，直接采购成品容器即可（图 5-42）。

5.3.4 植物的种植与安装

植物的种植与安装前，需要选择好室

内绿化的苗木，通常应选择品种纯正、生长健壮、花繁、色艳、无病虫害的苗株。种植又叫栽植，即将树木种植在指定地点；种植分为两种，位置固定不变叫定植，种植后再移种的称移植。随后的工序是起苗、按照栽植的间距与深度放入树苗、覆土与扶正，在整体种植的过程中也需要注意细节，如树苗的定位和移入过程中需要将植物最佳观赏面朝向建筑室内主要方向，成为主观赏面；其次，覆土时需

要注意顺序，先覆表层土，后覆种植穴底土，土质过差需要更换。最后，新栽种树苗浇水后，应检查是否有歪斜现象，若有则及时处理，通常小树苗采用土壤填实扶正，树苗尺寸偏大的采用四角支撑的方式保证树苗竖向垂直。

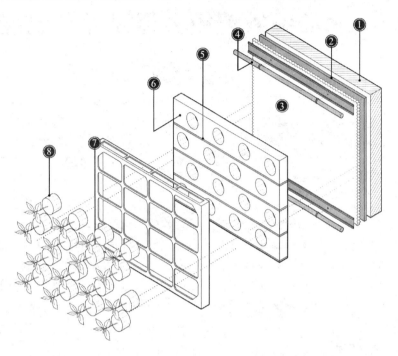

图 5-42　植物培养容器的加工结构图
1—支持系统；2—防水背板；3—后排水层；4—铝轨、滴水线；5—毛细血管破裂；
6—成长中；7—面板盒；8—植物

第6章 不同空间绿化要点及设计制图表达

6.1 不同空间绿化要点

不同空间条件和不同需求使绿化设计具有不同的特点。具体而言就是在不同类型和用途的空间中，应根据各不相同的要求和条件合理配置不同种类和形态的绿植，也就形成了各具特色的绿化设计。与此同时，好的绿化设计能够使绿植自然地融入室内空间，并在潜移默化中对使用者产生积极的影响。而且，现代技术日新月异，也为室内绿化带来了更多的可能性和创新形式。

6.1.1 公共厅堂

公共厅堂由于空间尺度巨大且位于室内的核心位置而成为整个项目的形象中心，也因而为室内绿化设计提供了更为灵活的条件和创新潜力，其绿化手法最为广泛而多样。例如室外自然界湖光山色的借景、花草树木的移栽摆设、奇石古迹的布置、喷泉流水的引进设造、风土野味的追求……这些都可以在室内实施。

首先可以将室外景观引进室内，运用造园的手法修造，使人如置身于富有大自然气氛的环境中（图6-1）。例如新加坡滨海湾花园的中心大楼（图6-2），因其前沿的气候控制技术，营造了一个壮观的全天候厅堂景园。其在室内种植当地的绿色植被，植物种类丰富独特，宛如置身于热带云雾的森林之中，为观者带来季节性变化的体验。

图6-1 大厅的地面分格与玻璃顶棚的分格一致，树木的配置与顶棚的方格相呼应、相烘托，格外清新美丽，给人以置身于蓝天白云下和野草、林木中的感觉

136

图 6-2　新加坡滨海湾花园中心大楼

此外，室内景园是公共厅堂绿化最常见的手法，在绿化设计中，不仅要注意统一格调，还要注意与室外大环境的统一（图 6-3）。统一格调就是各个局部要顺从整体既定的风格和特色，凡是与总体风格和特色不符的，再新颖的材料、动人的色彩、精彩的手法也要懂得舍弃。因此一开始就注意创造自己风格和特色的设计，也就容易在创作目标的追求中达到（图 6-4、图 6-5）。同时绿化设计是科学与艺术结合的学科，比起绘画、音乐等纯艺术更受客观条件的制约。例如材料、施工、功能、经济乃至环境气候等，离开这些客观因素，想入非非地去创造风格和特色，要么事倍功半，或完全行不通。并且室内绿化的植物材料，应以观叶植物为主，观花植物为辅。总之，在设计中要注意与建筑环境的特征相结合，注意设计的室内外延续。

图 6-3　某地铁的支撑柱与顶面浑然一体，利用绘画手法使空间
充满了植物气息和自然情调

公共厅堂还应考虑民族传统和地方特色，注意因地制宜、扬长避短。可采用多种手法，如在景园内种植乔木、以走廊的栏杆作花池、光棚的网架悬吊盆栽等。也可保留原地自然中的树石、泉水加工造景，可将室外的水系引进来，或直接以水池、山石、流泉、植物、园林小品来造景。阿姆斯特丹的雅加达酒店（图 6-6）

利用当地的气候优势在酒店厅堂中充分使用植物进行设计。用宽大的中庭、多种多样的亚热带树木花草以及其他自然材料给使用者营造置身于丛林的感受，使其欣赏到犹如置身室外的景观气氛。此外植物景园与屋顶的雨水收集系统还构成了水资源的可持续的循环。曼谷的 Mega Bangna 商场的景观庭院设计（图 6-7）也有异曲同

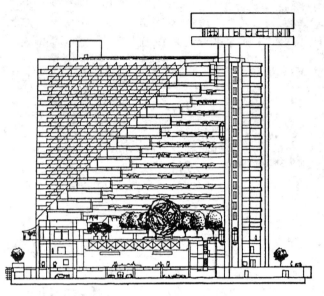

图 6-4　美国旧金山海特摄政酒店剖面（雕塑与绿化）

图 6-5　美国洛杉矶帮克山旅馆中庭

图 6-6　阿姆斯特丹的雅加达酒店

图 6-7　曼谷的 Mega Bangna 商场的景观庭院设计

工之妙。它充分利用了热带季风气候的特点，在空间中种植大量的绿植，同时置入休闲的圆形剧场和丰富的木板路，为游客创造了一个生机盎然的室内商业空间。而茂密的绿植就好像是庭院中各类活动的催化剂，人们可以在景园中欣赏与参与，这些共同呈现了一个互动性极强的体验空间。

在大型公共厅堂中，也可以采用陈列的手法，摆放盆栽植物。无论是普通大小的花灌木，或是高大的乔木均可（图 6-8）。在入口处、楼梯、道路的两侧、厅堂中央可进行散点摆设、对称式或线型摆设。利用线型摆设还可用以区分空间、线路。在厅堂中摆设成片林，或建造花池、水池、景园等可分流人群。此外也可利用共享空间上层栏板处建造悬空花池，栽植较耐阴的藤本植物，如三角丝绸、常春藤、绿萝、天门冬、合果芋等形成垂直的绿化气氛，既增大了绿化面积，又上下呼应，相得益彰，使共享空间浑然一体（图 6-9）。

在创造自然气氛的室内景观环境中，水是最活跃的，也是最易引进的元素，水的神奇妙用可以赋予室内环境富有生命力的气氛。可利用水营造水幕墙或在自动扶梯旁设置叠水，流动的水体同时又能创造出具有动势的空间。流动的水能给人以清凉悦目的感受，因此水成为公共厅堂中常用的设计元素（图 6-10）。另外也可以利用石作陈设或造景（图 6-11）。以抽象的石作为景园的点缀，同时石又是构成"画

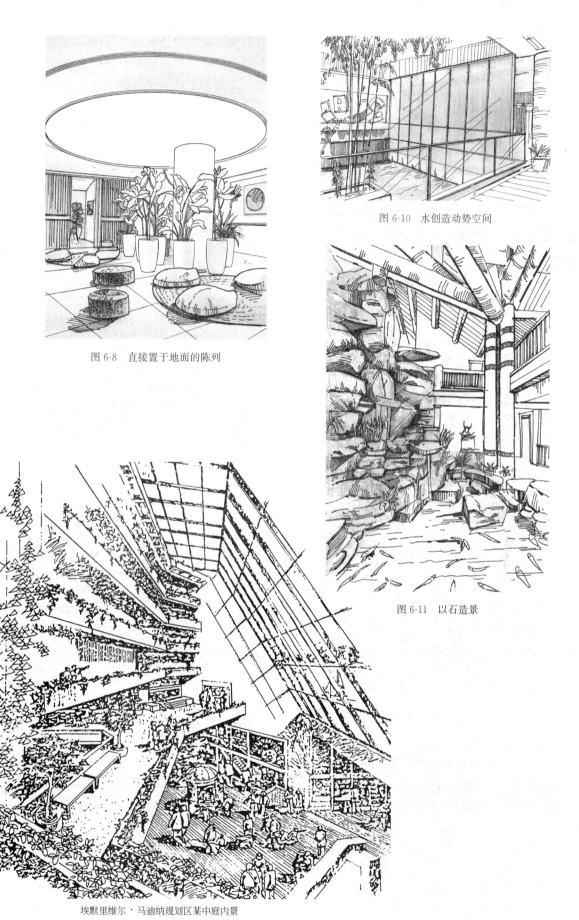

图 6-8　直接置于地面的陈列

图 6-10　水创造动势空间

图 6-11　以石造景

埃默里维尔·马迪纳规划区某中庭内景

图 6-9　建筑与绿化融为一体

面"不可或缺的元素，设计时要拿捏各元素的形态、形式与位置，以营造别具匠心的视觉感受。

6.1.2　办公空间

现代工作模式、工作内容发生了翻天覆地的转变，与此同时将植物引入办公空间的多种效益被不断被证实，建筑、通风、采光等新技术的发展又为其提供了坚实的技术保障。因此绿化植物介入办公空间成为一种趋势，植物与空间的结合也更加的深入和紧密。

在大尺度的办公空间中可使用景园式绿化手法，也就是将室外景园的组景方式引入室内，形成符合室内空间环境尺度和使用要求的"小环境"。例如 Google 公司的办公室（图 6-12）。设计师选用室外景园中不同类型的植物以效仿自然的组景方式进行植物的搭配与布置。这种手法使空间氛围更加轻松愉悦，促进了使用者的交流，营造了健康的工作环境。同时密切了空间与人的关系，具有独特性、灵活性和可持续性。

图 6-12　Google 的办公室仿佛置身于室外花园中

在中小尺度的办公空间中可使用陈列式的绿化手法，大致归为点式、线式和对称式。这些布局方式并没有绝对的界限，而是互相渗透的。在点式布局中桌面上可放小型素雅的插花或盆栽，例如，兰花、水仙、风信子、富贵竹、竹芋、杜鹃等。在办公室摆上一两盆艺术水平高的盆景，不仅可以提高环境的品位，还可以用来调节人们极度疲劳的大脑和视觉神经。线式布局简单来说就是将绿植按线性布置，无论直线还是曲线。保罗·考克斯基奇设计

的办公室螺旋式绿带颇具创意（图 6-13），他利用公共空间中从地板到顶棚的螺旋形楼梯，在扶手上种满了郁郁葱葱的绿色植物。绿植依托室内构件以流畅的曲线形式呈现，这种极具趣味性的布置方式激发使用者的感官刺激，舒缓了工作紧张的情绪，同时给室内带来了生气，增加了空间的健康性。此外楼梯和植物的结合形成空间的围合装置，楼梯最顶层成为临时的聚会区。对称式布局手法较易理解，即将绿植以中轴线进行对称布置，常见的有点式和直线式对称布局（图 6-14）。

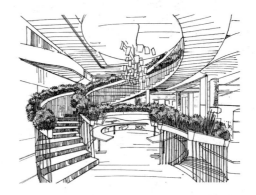

图 6-13　螺旋线型——保罗·考克斯基奇的
办公空间绿化设计

图 6-14　直线对称布局——迪拜苹果商店

此外，也可采用与办公家具结合式的绿化手法，将家具设计和绿化设计一起考虑，使之成为有机的整体。例如 Christian Pottgiesser Architects 为 PONS＋Huot 设计的办公室（图 6-15），它结合了有机玻璃圆顶、洞穴休息室和桌子和树木。植物与办公家具的结合既满足绿化要求，又使它们能无比和谐的与空间揉和在一起。每个员工到这里都可以拥有相对独立的空间，相应的，与自然的亲密接触也利于员工产生愉悦和安适的感受，激发他们的灵感。

图 6-15　Christian Pottgiesser Architects
为 PONS＋Huot 设计的办公室

进行办公空间绿化工作之前，首先要先观察其光线条件，若自然光对植物来说都不充足，最好选择光照需求不高的阴性植物，如非洲堇、大岩桐、兰草草、黄金葛、蕨类、常春藤等。这类植物原生的环境就比较阴暗，对光的需求原本就比较少，很适合放在室内种植。而现代也出现了高效利用人工光照促进植物光合作用的技术，为设计提供了更多的可能性。同时在办公空间中宜选用颜色素雅的观叶植物，叶片过大、过小、过碎或颜色过于强烈的植物不太适宜放在办公室。

6.1.3　餐饮空间

现代餐厅设计中，绿化方式不再是简单的点缀，而是科学的、艺术的运用自然元素构成可以置身其中的室内环境。利用植物布置餐饮空间具有易更换、降低造价和愉悦心情的优势。

餐厅空间的绿化可以通过将植物构景引入餐厅以达到提高餐厅环境质量的目的。将观叶植物、农作物产品（如南瓜、木薯、谷穗、玉米、高粱等）及蔬菜瓜果等用于餐饮空间的布置不仅可以促进人的食欲，还可以作为餐饮原料。例如在Mecate Studio 设计的 Xuva′餐厅（图 6-16）中，将植物种植于餐厅，自然地使顾客在用餐时欣赏到种植园美景。不仅使植物与

空间结合起来，种植的植物还被作为某些菜肴的食材，形成了一个有机花园。同时使用手工拼花地板，暗示树木的阴影。金属和皮革的椅子、富有表现力的材料与茂密的植物构成了一幅对比而又统一的画面。此外木质内饰、壁挂植物与黄铜色的灯具也共同营造了和谐的室内氛围。最终达到亲近自然的效果，并在城市中开辟了一个充满生机、宁静温暖的环境。

图 6-16　Mecate Studio 设计的 Xuva′餐厅

好的餐厅绿化能够拉近人与空间的关系。例如由 Alexis Dornier 设计的巴厘岛餐厅中（图 6-17），空间垂直的结构元素成为支撑构架，为植物的生长提供了空间，而植物生长反过来又对空间产生影响，营造了自然的氛围。不仅起到了庇护和遮阴的作用，同时能够唤起人类亲近自然的本性，调节和愉悦用餐者的心情。再例如，峻佳设计事务所设计的超现实主义咖啡馆（图 6-18）利用植物、水磨石、金属材质和色彩的对比，营造梦幻美好的氛围。通过植物花池的形态以及室内家具形态暗示空间的走向和划分，与众不同的绿化手法营造了归属感，也成为一座城市的记忆点。

图 6-17　Alexis Dornier 设计的巴厘岛餐厅

图 6-18　峻佳设计
KarvOne 超现实主
义咖啡馆

图 6-19　餐桌上的
花卉营造和谐气氛，
同时起到划分餐桌
空间的作用

餐厅绿化的细节处理也很重要。在餐厅前台适宜摆插花或洁净清新的盆花，避免遮挡客人的视线，利于客人互相沟通。同时在餐桌上布置花卉能够营造放松、和谐的气氛；有时也起到划分餐桌空间的作用（图 6-19）。如果餐桌较大、空间允许的话，也可以采用一种常用的手法布置，即在每份餐具之间的桌布上放一束小花，也可在每人用的大餐盘的边上放上一朵非常漂亮的小花，或者在高脚酒杯中插上一支非常小的花，都会显得十分雅致。就像簇拥的花一样，客人之间的关系也变得融洽起来；客人与花都成了整个餐厅气氛中的组成元素。但要注意，餐厅中的花不能太"香"，否则便会喧宾夺主，与食物的气味产生冲突。在餐厅绿化中，最重要的是花与植物要干净卫生，尤其是用花，最好是采用无土培养的花束，否则不能将其放在餐盘酒杯之中。

封闭的用餐空间会导致灯光照明补充光线的不足，因此，植物多为人造植物或极耐阴湿的植物，如体量高大、色彩浓厚的仿制大杯树。可在粗大黝黑的树干和宽大的叶片侧旁打上暖黄色的灯光，造成重重的阴影。开敞的用餐空间应把植物布置在用餐者可观赏到的地方；空间南侧的绿化能遮挡夏日射入的阳光，而马路一侧的绿化可以很好地遮蔽窗外杂乱的景象，降低噪声。

6.1.4　住宅空间

随着技术的发展，植物在住宅空间中的应用也愈发普遍，呈现更深的交融。在住宅空间的绿化中，应该根据空间的差异对植物进行合理的配置。

1. 客厅

客厅用以接待宾客，是住宅中最常放置植物的空间，很多美观的、价值昂贵的植物放在客厅。其布置设计要与室内设计整体风格统一，并要注意植株品种、形态的选择，植株还要整齐、干净清新，一般会选用叶片较大的品种。

小型客厅宜放置中小型盆栽植物，以避免空间过度拥挤。可选用小型花卉或藤蔓类，茶几中央、电视机旁边、博物架上、立柜上、电视柜里等都是可以进行装饰的位置。在较大型的客厅中植物能接受到更多的光照，利于其生长。其绿化设计要注意宁可完整而不要零碎，要体现设计的大度感（图 6-20）。在重点绿化的地方，植物选用品种要单一，最好选用一种或两种，可以重复整齐排列（图 6-21）。品种过多则给人一种杂乱的感觉，从而失去庄重、大方的特点。如果选择摆放盆栽则要注意盆体风格要与整体设计风格融合，质量要可靠。此外需注意要经常擦拭植物，保持卫生。

家庭居室的客厅，花木摆设和其他饰物一样都能反映主人的爱好、性格、知识及艺术品位。家庭居室的客厅，绿化布置应注意活泼的趣味性。在传统手法中，可在客厅一角的花架上摆放一盆万年青或龟背竹、海棠、君子兰等，叶大而整，易引人注目；在窗前或墙壁中央的几案上摆一盆古朴多姿的树桩盆景或水石盆景，使客厅庄重、雅致，让人细细品味。或在宽敞的玻璃窗旁摆一两株高大的观叶植物，墙角摆放散开型的观叶植物，既大方有气势，又利于远观；在茶几或桌案上摆放插花或精美的盆花，利于人近赏；在台柜上摆垂吊植物，多宝格里摆放小型盆景或盆栽能增加趣味感；在瓷缸陶罐里插一些芦花、蒲棒或其他干花干枝，使客厅有生气而且富有野趣。在现代客厅中，客厅的绿化设计通常将植物直接种植于家具或建筑中，使之成为一个有机整体（图6-22）。

图6-20 客厅植物结合楼梯，不仅丰富了空间效果而且获得更好的自然采光

图6-22 植物作为客厅起居空间与建筑之间的媒介

图6-21 重复之中有变化，疏密有度

2. 卧室

卧室是人们睡觉、休息的主要场所，因此卧室的绿化应本着简单、纯朴的原则，不宜过多。卧室追求宁静、舒适的气氛，植物选择应有助于提升睡眠质量，并以观叶植物为主，植株不宜过大。可摆放文竹、君子兰、黄金葛等植物，给人柔软、舒畅的感受。无论是盆栽花卉或插花，都应采用无香味或淡香型的。浓香型的花香影响人的休息和入睡，不宜用。卧室中也可以放置一些水培植物，以便于保持室内清洁。在色彩上，花卉的颜色不宜过于艳丽，应以淡雅为主。卧室插花的器皿以水晶玻璃或带套有条编的瓶罐，显得

洁净。作为私密性强的空间，卧室绿化应精致。当早上醒来看见床头柜上的花，会带来一天的好心情（图6-23）。

3. 卫生间和浴室

根据卫生间与浴室的空间特点，宜选用小型的、耐阴湿和闷热的观叶植物或花卉，例如水仙、马蹄莲、绿萝、常春藤、菖蒲、天门冬及蕨类等植物。技术的发展使卫生间中绿化的位置变得多样，从平面和垂直两方面进行考虑，不仅可以在洗漱台摆放插花（图6-24），也可以在洗漱区的墙面上进行绿化（图6-25），这不仅减少了占用室内的使用面积，同时还增加了绿化面积。

图 6-23　卧室绿化犹如床顶盖一般

图 6-24　植物和镜子的结合

图 6-25　洗漱台摆放插花

144

6.1.5　室内游泳池

室内游泳池绿化的重点是氛围的追求，可以模拟海滨、湖边、河旁的风光景色（图6-26）。选用较大型植物、水生或近水植物、南国植物最为理想，如葵类、棕榈、铁树、龟背、春羽、菖蒲、水葱、马蹄莲等。其设计与组摆手法有散点、集中、开设景园等，例如可在泳池旁，利用山石、植物模拟自然景致，利用树、石作跳台，使其趣味无穷。

室内绿化设计发展到今天，绿化的范围已不再局限于某一个个体空间，而是向多空间发展，全方位地介入到建筑室内外。

6.1.6　露台和阳台

露台、阳台和屋顶花园与建筑联系紧密，具有室内和室外空间的双重特性，因而既具有双重的优势，也受到限制。露台既可以是连接建筑和庭院间最主要的水平连接区，也可以是室内景园中形成高差的重要手段。

屋顶和阳台要注意植床、植盆和其他较重家具的选择以及摆放位置；气候条件决定了挡风和遮阳设施上的必要性；基本的条件如视觉景观、随季节变化的风向和日照因素等，也同样限制了植物的种植方式且植物的高度甚至比室内空间更低。而且，从尺寸的角度来说，屋顶和阳台通常所受的限制较多。此外，诸如采光、高差变化、与屋顶的关系、入口位置等，都决定了它多采用种植在花盆或花槽内的样式。在兼具室内外空间的特点方面，靠近建筑的墙面可以设计成具有室内装饰特点的风格，于是就形成了独特的戏剧性效果。甚至照明灯具、家具、器物等的选择上，也可具有室内的、休闲的、私密的特征，于是在整个小庭院中，就形成了矛盾的效果，而这正是它们的独特魅力之处（图6-27）。另外，竖向空间的利用需要探索在墙面、围挡和栏杆上设置植物的可能性，如利用攀援植物、吊盆等都是常用的手法。

随着城市化进程的加快，城市中的人们更加向往田野气息。例如，在越南的红屋顶住宅中，屋顶就是一个菜园，使用者在菜园内种植食物，共度快乐时光，同时也与邻居分享种植的产品。它不仅是一种自然的隔热，同时促进了社区互动，营造良好的邻里关系（图6-28）。

图6-26　模拟了海滨的泳池

图6-27　屋顶露台兼具室内外空间特点

145

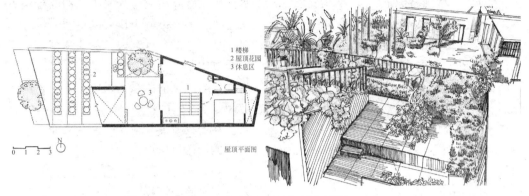

1 楼梯
2 屋顶花园
3 休息区

屋顶平面图

0 1 2 3

图 6-28　越南的红屋顶住宅屋顶花园

6.2　绿化设计制图

与任何设计领域一样，绿化设计主要依赖于图纸进行表达。绿化设计的制图与建筑制图、景观制图和室内制图有很多相同之处，需要符合基本的制图规范和要求，但由于其内容的特殊性和专门性，因而在制图表达中也有其特殊的要求。

6.2.1　平面图——比例的选择

平面图也叫种植施工图，是种植施工的主要依据。平面图中应表现植物种植的位置、植株之间的空间和位置关系、植株的大小关系、不同品种植株的搭配关系等信息（图 6-29）。因此在图中应表明每株植物的规格大小（冠径）、种植点（图例的圆心点）及品种名称。

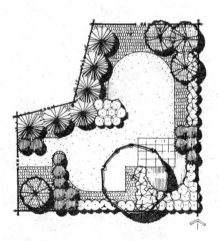

图 6-29　平面图

在平面图中，除了表现各个部分的平面布局、空间关系、地面高差和材料外，

还要表达每一株植物树冠的尺度比例关系，并结合立面图，一同表达不同植物间的上下重叠或覆盖关系（图 6-30）。应按照植物的实际尺度来表现，并强调植物的种植点。还要通过图例表达出植物的大体种类，如落叶-常绿、针叶-阔叶等（图 6-31，图 6-32）。

图 6-30　不同植物间的上下重叠或覆盖关系

6.2.2　立面图与剖面图

立面图着重表达在垂直维度不同植物的尺度比例关系、重叠或覆盖关系、形态搭配关系，以及场地坡度、花池、台阶、容器等高度关系。这就要求在立面图中，

146

大体描绘出植物树冠的造型和尺寸，并且利用图例的方式，表明它们是针叶或落叶的树种（图 6-33）。通过对多种植物进行搭配，表达出植物的形态、质感、尺寸、季节等关系（图 6-34）。为了表示植物、山石及景致与空间的对比关系及其立面的配置效果，一般需要根据平面图、植物及山石等的形象画出立面图及效果图。

图 6-31 落叶阔叶图例

图 6-32 常绿针叶图例

图 6-33 用图例表明针叶或落叶的树种

图 6-34 表达植物的形态、质感、尺寸、季节等关系

当然，平面图和立面图都是设计构思与表达的必要方式和途径，虽然在多数时候设计师会从平面草图开始进行构思，然后进行立面草图的推敲，但这并不意味着两者之间一成不变的、固定的先后顺序。在实际工作中这两者常常是穿插、往复进行的，并最终达到理想的结果。

剖面图主要表达内部构造和竖向关系。剖切位置要典型，要求在剖面图中反映前后层次关系和细节做法，同时要表达出植物的安装、种植、与建筑的构造关系，以及细部尺寸等信息（图 6-35）。

6.2.3 植物表

用表格的形式，对所有选用的植物进行分类总结，有利于让人对所有植物有整体性的了解，而且便于后期的预算工作。

除了为每一种植物按序号排列外，表格中还应表示名称、尺度、特征、数量等栏目（表6-1）。

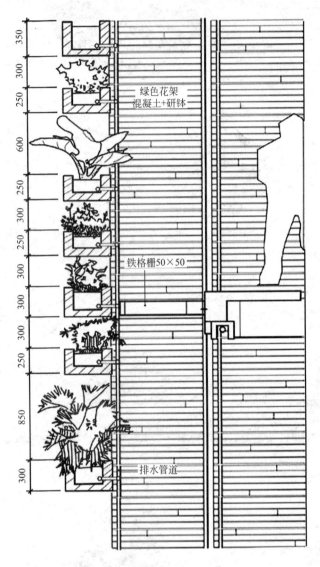

图 6-35 剖面图表达

植物表   表 6-1

序号	品种	规格要求		数量 (株/盆)	图例	序号	品种	规格要求		数量 (株/盆)	图例
		高度(cm)	冠幅(cm)					高度(cm)	冠幅(cm)		
1	报春	15～20	15～20	4		5	西洋鹃	15～20	20～25	3	
2	瓜叶菊	15～20	15～20	4		6	羽衣甘蓝	15～20	15～20	1	
3	金盏菊	15～20	15～20	4		7	雏菊	15～20	15～20	3	
4	三色堇	15～20	15～20	4		8	大花樱草	20～25	20～25	3	

序号	品种	规格要求		数量（株/盆）	图例	序号	品种	规格要求		数量（株/盆）	图例
		高度（cm）	冠幅（cm）					高度（cm）	冠幅（cm）		
9	矮牵牛	15～20	15～20	4		15	夏堇	15～20	15～20	4	
10	凤仙	15～20	15～20	3		16	一串红	20～25	20～25	4	
11	海棠	15～20	15～20	1		17	万寿菊	15～20	20～25	6	
12	鸡冠花	20～25	15～20	1		18	千日红	20～25	15～20	4	
13	孔雀草	15～20	20～25	4		19	太阳花	15～20	20～25	60	
14	石竹	15～20	15～20	4		20	百日草	20～25	15～20	30	

6.2.4 相关图示、图例与说明

室内绿化设计的制图与图例表示，与园林设计制图相同，分为平面图图例、立面图图例。

在平面图中，不同的植物，如乔木、灌木、落叶与常绿、针叶与阔叶或花草，不仅需要用文字标出植物的名称，也要采用园林设计中的图例表示方法表示，如图6-36表明是一株针叶树木。圆的直径大小为树冠直径，中间的点为种植点。植物名称既可标于图外，也可写在图内种植点下方或编号。相近的几株同一品种植物可以用细线将每株的种植点连起来，只在一株上标出品名就可以了。

比例尺上，一般平面图采用1∶100～1∶200的比例为宜，有些植株较小、要求较精细的设计，如花坛或小株摆设，其平面图可采用1∶50～1∶100的比例。细部节点工艺做法常选择1∶10，1∶5的比例。

高度的尺寸标注位置在立面图内容的最左侧或者最右侧，让读图者可以很直观的读懂设计图纸的高程变化关系。

施工说明书应统计出所需用的各种苗木的名称、规格及数量，用石的品名、大小及数量。

图6-37是绿化平面设计图中的植物表示图例。

图6-38～图6-44是平面设计图中水、石的表示图例。

图6-45、图6-46是各种地面的表示方法。

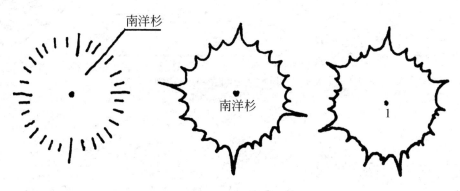

图6-36 平面图例

针叶树　　　阔叶树　　　灌木丛

针叶树丛(林)　阔叶树林(密林)　阔叶树林(疏林)　竹林(丛)

花架　藤本植物　花坛　花带　整形绿篱

自然式绿篱

草坪　自然式草地　水生植物　花镜

整形树篱

落叶灌木　　常绿灌木

灌木丛

树

草

花

图 6-37　植物表示图例

图 6-38　沿水边缘线画三条细线表示水

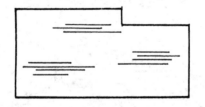

图 6-39　在水域内用几条细平行线或
波浪线表示水

图 6-40　用山石俯视平面画法表示山
石，将石一侧的线画粗些，使石具有投
影的感觉

图 6-41　石路

图 6-42　汀步石

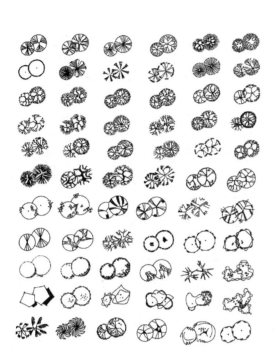

图 6-43　植物表示参考图例（一）

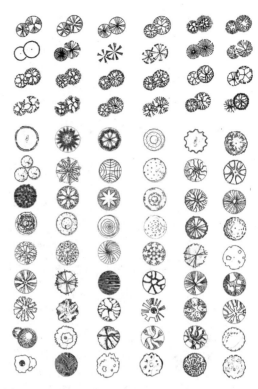

图 6-44　植物表示参考图例（二）

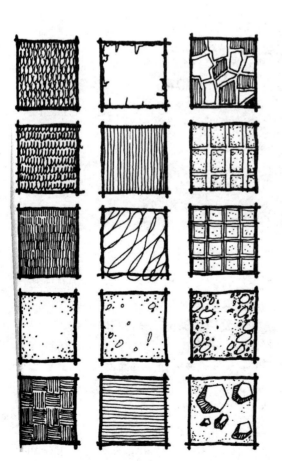

图 6-45　各种地面的表示方法（一）

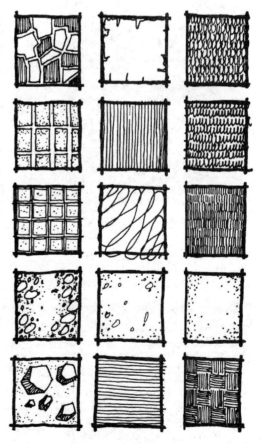

图 6-46　各种地面的表示方法（二）

6.3 绿化设计表达

为了准确而全面地表达设计意图，需要结合平面图、立面图和透视效果图等多种表达方式。剖面透视图和轴测图也较为普遍地被使用，有时还要有剖面图、局部详细施工图，效果图也可采用鸟瞰图的方法。

现今绿化设计的表达形式不再局限于传统的绘制手法，图纸种类增多。而且，由于当代绘图软件、AI模拟和视觉传达技术的采用，使得设计成果具有更有效的表达。同时，具有强烈个人风格或特色的表达形式层出不穷。总的来说，设计成果的表达形式更加自由，更注重概念、思路的视觉化表现，同时也更直观、清晰、生动和一目了然。其中图像法和剖透视法是目前常用的、有效的室内绿化设计表达方式。

6.3.1 图像法

图像法就是通过拼贴图像的形式呈现画面效果的方法，但区别于传统拼贴法，它利用的是现在的科技和软件。在搭建好基本模型的基础上，设计者先要搜索素材，接下来利用电脑软件揉合后赋予物体材质，以进行效果表达。这种方式节约渲染的时间成本却能突出重点，它更加生动、高效、准确、具有更强的感染力和视觉吸引力，达到"效率＋效果"的双重目标。它也是开拓设计创新思路的一种途径（图6-47），可以贯穿于设计过程的各个阶段。

图6-47　图像拼贴法表现图（彩图见附页）

6.3.2 剖透视

剖面透视图就是表现从剖切面的视角观察被剖切物体的图像，是剖面图＋透视图的结果，具有剖面图和透视图的双重功能。它不仅能清晰地表达实现设计方案所需的结构和做法，而且能呈现出这些结构、做法与整体空间的关系，具有较强的表现力。具体方法就是在需要剖切的位置进行剖切，然后调整视图并保存剖面透视图的线稿图和渲染图，最后根据要呈现的效果进行后期处理（图6-48）。剖透视法的绘制和制作并不省时，常常用在设计方案的发展和深化阶段，用以推敲、检验初步方案的合理性、可实施性及整体性。

6.3.3 手绘和三维渲染

此外，传统的手绘法和三维渲染法依然必不可少。手绘法（图6-49）以其最为快捷有效的"脑—眼—手"配合而在设计过程中无可取代，尤其是在方案构思的初步阶段。可使用绘画工具直接描绘，无需构建电脑模型和渲染，具有快捷、生动的优势，但使用者需具备较强的手绘艺术表现能力和尺度与比例的把控。

三维渲染法就是通过构建电脑模型后使用渲染器渲染以呈现画面效果的方法，对设计效果的全面而真实呈现的能力独一无二，在表现设计方案的气质、风格、最终效果氛围方面具有优势。它呈现的图片最真实，也就是最贴近人使用肉眼观看场景的效果，尤其是在表现大型、复杂室内空间的时候（图6-50）。此方法不仅需要

熟悉掌握和综合运用多种建模、模拟软件，而且制作也比较耗费时间。它对设计者和绘图者的审美和画面控制能力要求较高，一般用在设计过程的最终成果表现阶段。

设计师应根据设计工作的不同阶段、目的以及项目规模、空间条件等情况采用最适当的表达方法，也可以将这几种方法相互结合、取长补短，从而获得最有效、快捷、准确、清晰的效果。

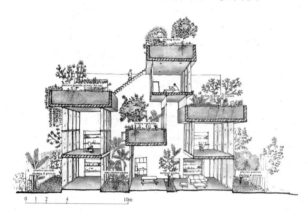

图6-48　剖面透视图

图6-49　手绘法效果图

图6-50　三维渲染法效果图（彩图见附页）

第7章 植物的日常养护与管理

不同的植物种类对光照、温湿度喜好等均有差别。清代陈子所著《花镜》书中，记载过植物有宜阴、宜阳、喜湿、当瘠、当肥之分。这些环境条件包括：土壤、光照、温度、水分、养分及空气等方面的需求。

7.1 土壤与种植

植物要求有利于保水、保肥、排水和透气性好的土壤，种植种类的不同对于土壤的要求也有区别和差异，大多植物性喜微酸性或中性，因此常常将不同的土质经灭菌后，混合配制，如沙土、腐质土、泥炭土以及蛭石、珍珠岩等。对于室内绿化而言，所采用的提供养分的来源不同于前述的土壤，多数采用基质结合营养液的方式有机肥料和水培系统，以便减少土壤所需的占空性。

7.1.1 有土栽培

室内绿植大多数是以盆栽有土栽培的形式出现，用土应是疏松、透水、通气能力比较好的，同时也要保水力强、保持肥力强的土，还要求重量较轻，有利于根系的生长发育和根际菌类的活动；种植土是盆栽植物的生长的关键，植物所需要的水分、肥料、新鲜空气都是靠种植土来调节供给的。一般盆栽所用的种植土，都是已经调配好的营养土或专用土，其配制通常是肥沃壤土：腐叶土：蛭石：土＝5：3：2。盆土常用中性或微酸性的壤土，不宜使用盐碱土。

7.1.2 无土栽培

无土栽培就是不用土壤，而用水、卵石、陶粒、蛭石等基质代替，用营养液代替常规肥料的一种新型栽培方法。室内绿化种植通常采用静态浮根的方式来进行水培，即将植物的根系浸泡在静止的液体中。无土栽培所用盆栽基质均有良好的物理特性，疏松、多孔，呈颗粒状，或直接用营养液栽培。无土栽培的营养液，是根据不同的植物需要和不同生长发育期的要求专门配制的。

随着技术的发展，灌溉和植物水培营养技术得到广泛应用，灌溉营养系统的优势在于能减轻由于水分管理不一致而造成的植物损失，系统可以控制灌溉量、灌溉频率、供水中的 pH 值等；同时根据天气、温度的不同，可以调节灌溉周期的频率和持续时间等。其使用范围一般在高耸的墙壁和维护人员难以进入的位置；其弊端是若是出现设备故障等情况时需要人为灌溉作为补充。同时，水培营养系统需要持续监测 pH 值、水硬度和总溶解固体（TDS），并在必要时进行参数调节（图 7-1）。

7.1.3 种植

不同的植物对于土壤的土层厚度要求也各不相同，一般来说，花卉绿植物要达到 30～35cm 左右；小灌木植物一般控制在 50cm 左右；大灌木土层厚度一般控制在 60cm 左右。对于室外屋顶绿化实现了第五立面美化作用的同时，需要将绿化及其覆土重量对建筑结构的影响纳入考虑之中（图 7-2、图 7-3），同时避免植物根系的生长对屋顶防水层的破坏，造成室内漏水。

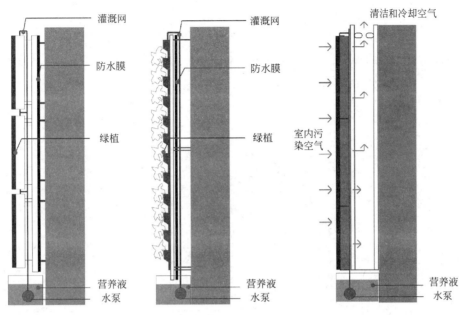

图 7-1　水培灌溉示意图

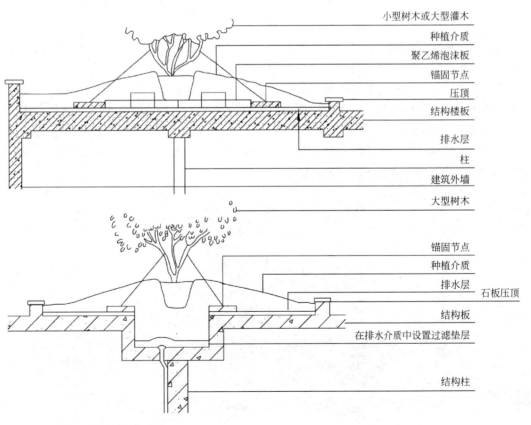

图 7-2　室外屋顶绿化种植构造图

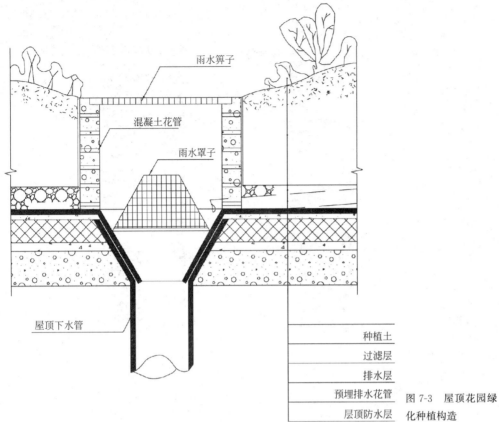

雨水算子

混凝土花管

雨水罩子

屋顶下水管

| 种植土 |
| 过滤层 |
| 排水层 |
| 预埋排水花管 |
| 层顶防水层 |

图 7-3　屋顶花园绿化种植构造

　　室内绿化种植，除了传统的土壤栽植外，还有基质种植和无基质种植。其中基质种植的基质分为有机基质，无机基质和复合基质；无基质栽培通过水培、雾培（通过压力将水营养液进行雾化处理而形成）等方式实现。室内绿化种植的最终表现，需要依托于栽培的绿植物种的选择、空间的约束等，总结出如下几种方式：

　　（1）立柱栽植。立柱式无土栽培就是将植物栽于垂直的栽培柱上。圆柱体立体栽培架的表面有均匀分布的栽培孔，用于定植植物，植物的根系在圆柱体内部裸露，圆柱体没有基质，采用雾培方式[①]（图 7-4）。

图 7-4　立柱栽植

　　① 王伟丽. 浅析植物工厂无土栽培立体栽培架的应用［J］. 木工机床，2019（02）：35-38.

（2）墙面栽植。作为基质栽培中的一种，也是非常具有观赏性的一种无土栽培方式，占地面积非常小。墙体分为单面墙体和双面墙体，既可以附着在建筑物表面，也可以通过墙体骨架而建成栽培墙，因而墙面栽培能大大提高空间利用率。墙面立体栽培一般以种植矮生的草本植物为主，不适宜栽培多年生的和木质化程度高的植物（图7-5）。

图 7-5　墙面栽植

7.2　光照

光照是植物进行光合作用的重要环境因子，是影响植物生长发育的重要因素，从光照强度、光质、光照周期三个方面影响着植物的生命活动。光照不足会影响光合作用和碳吸收，从而导致植物植株柔弱、徒长，难以开花或滋生病虫害。强光也可能损害植物的光合机构，并由于光抑制而影响光合功能。不同植物对环境光照强度变化的适应能力差异甚大，有些喜光植物在环境光强增加时光合速率大幅升高，但喜阴植物则会遭受强烈的光胁迫。一般来说多数观叶植物及蕨类植物喜好过滤性、间接或反射光，开花植物多喜光。

7.2.1　光照周期

光照周期影响着植物的生长过程，在自然光源不足的情况下，采用人造光源来延长光照周期。喜光植物光照周期越长越有利于植物的生根和增殖并且光照时间长植株生长得更加健壮；而短的光照周期不利于植物的生长，并影响植株的生根和增殖。解决光照不足的方法，可以将植物移于光照充足的地方，如窗口和光照强的地方；对于不易搬动的植物可以增加人工光源，如白炽灯、荧光灯等。新的技术采用LED灯的方式解决上述三者的需求，可以根据植物对光谱的色彩需求、光照周期和光照强度的不同而开展人为设定。

植物对光照的低照度要求，约为215～750lx。大多数植物的光照要求在750～2150lx，即相当于离窗前有一定距离的照度。当植物的光照超过2150lx以上时，则为高照度要求，要达到这个照度，则需要把植物放在近窗或用荧光灯进行照明。为了适应室内条件，应选择能耐受低光照、低湿度、耐高温的植物。

（1）适宜室内光线弱的耐阴植物——万年青、富贵竹、常春藤、蕨类植物、袖珍椰子、网纹草、发财树等。

（2）适宜室内光线较弱的植物——龟背竹、洒金珊瑚、春羽、巴西木、吊兰、朱蕉、文竹、酒瓶兰、散尾葵等。

（3）适宜室内光线强的植物——变叶木、虎尾兰、紫鸭跖草、橡皮树、白鹤芋、冷水花、鹅掌柴、仙人掌类、芦荟等。

7.2.2　光照强度

不同植物对光照强度有不同的要求。一般说来，观花植物比观叶植物需要更多的光照；大部分观叶植物喜欢半阴的环境条件，不宜阳光直射，有些观叶植物耐阴性很强，可以长时间地置于室内。根据观叶植物的特点，给以合理的光照，以利其健壮生长，增强抗逆能力。如竹芋类、万年青类、蕨类、一叶兰、豆瓣绿、龟背竹、鱼尾葵、八角金盘、棕竹等适宜在室内散射光条件下生长发育；苏铁、香龙血树、红背桂、四季秋海棠、美丽针葵、虎尾兰、龙舌兰等，虽然有一定的耐阴性，但需要充足的光照，在室内栽培时应放在阳光充足或明亮处。

目前室内垂直绿化常用的是植物生长灯，植物生长灯就是利用太阳光的原理，用灯光来代替太阳光给植物生长发育环境的一种灯具。灯的位置要尽量使植物墙均受到均匀的光照。有效光照水平是能够使植物在室内保持茂盛生长的光照强度，与植物的种类有关（表7-1）。

另一类，如变叶木、橡皮树、叶子花、凤梨、一品红及多肉观叶植物，则应让其充分接受阳光，才能有利于生长发育。因此，可利用窗帘等适当调整光照。还应注意的是，室内光照低，植物突然由高光照移入低光照下生长，常因适应不了，导致枯萎。因而最好在移入室内前，先进行一段时间"光适应"。也就是置于比原来生长条件光照略低（图7-6），但高于将来室内的生长环境。

光照强度与植物类型　　　　　　　　　　表7-1

光照强度(lx)	光照适应性	常见种类
1600～2700	喜强光	变叶木、虎皮兰、冷水花、仙人掌类、芦荟
1100～1600	较为喜光	龟背竹、春羽、文竹、巴西木、吊兰、酒瓶兰
500～1100	需光量少	万年青、蕨类植物、发财树、常春藤

图7-6　移入室内光照略比室外低

7.3　温度与湿度

不同种类的植物对温湿度要求均有差别。

7.3.1　温度

一般说来，生长适宜温度为15～34℃，理想生长温度为22～28℃，在日间温度约29.4℃，夜间约15.5℃，对大多数植物最为合适。夏季室内温度不宜超34℃，冬季不宜低于6℃。

多数观叶植物适宜生长温度为15～30℃，低于10℃停止生长，进入休眠。越冬温度宜在15℃以上。大多数原产热带的观叶植物，最佳适宜生长温度为21～26℃，冬季最低应保持在—12～15℃。而原产温带及亚热带的植物，生长适温为16～21℃，冬季可耐7℃的低温。现代建筑中的室内大多设有中央空调和取暖设备，四季基本温度保持在16～27℃，所以是很适宜室内植物生长的。

不同种类观叶植物耐寒性有差别，如变叶木、一品红、竹节海棠、肾蕨、孔雀竹芋、网纹草、红背桂、龟尾葵、散尾葵等，冬季室温不得低于10～15℃。文竹、金边吊兰、吊竹梅、豆瓣绿、彩叶草、龟背竹、香龙血树、橡皮树、棕竹、四季海棠、君子兰等，冬季室温不得低于5～

10℃；天门冬、一叶兰、吊兰、常春藤、冷水花、苏铁、棕榈、发财树等较耐寒的花卉，要求冬季室温也不得低于3～5℃。

在室内选用植物必须考虑其一年四季

的温度习性，总体来说室温在25℃以上适于观叶植物生长；在15℃以上生长弱；15℃以下只适于耐低温植物生长。具体绿植的温度适应性见表7-2。

适应不同温度的植物   表7-2

类型	温度适应性	常见种类
低温室内植物	室温保持在0℃以上	吊兰、天门冬、一叶兰、万年青、橡皮树
中温室内植物	室温保持在5℃以上	文竹、君子兰、棕竹、龙血树、豆瓣绿
高温室内植物	室温保持在10℃以上	变叶木、一品红、网纹草、孔雀竹芋

7.3.2 湿度

室内适当的湿度有助于植物的生长，也可以减少浇水的频次。绿色植物的种类不同，对室内空气中的湿度要求也不一样，有喜欢多湿的植物，也有适宜湿度中等的。一般来说，室内气生性的附生植物、蕨类等对空气的湿度要求更高。湿生观叶植物在高温空气干燥的情况下，易出现叶色暗淡、叶缘枯焦或叶面呈现焦斑等生长不良现象。

（1）湿生植物：具有较强的耐湿能力，在干燥环境中生长不良甚至死亡。这类植物喜水分充足环境，平时浇水宁湿勿干，但不宜积水。

（2）中性植物：虽有耐干、耐湿的倾向，但仍以干湿适度的环境条件为好。所以平时浇水应干湿相间，见干见湿，盆土不干不浇，浇则浇透。

（3）旱生植物：能忍受和适应干旱的环境条件，能正常生长发育。这类植物多生长在雨量稀少的荒漠干燥地区。由于适应干旱，不耐涝，因此室内培养时平时浇水宁干勿湿，浇水多易引起根系腐烂死亡。

表7-3为适应不同湿度的植物。

适应不同湿度的植物   表7-3

类型	湿度适应性	常见种类
湿生植物	宁湿勿干	龟背竹、蕨类植物、海芋
中性植物	干湿适度	文竹、冷水花、君子兰、吊兰、棕竹、橡皮树
旱生植物	宁干勿湿	仙人掌类、虎皮兰、凤梨类、千年木、芦荟

控制湿度是件困难的事情，在室内有限的空间内可以采用如下的方式：

方法一，通常将室内植物聚集在一起，利用"森林效应"，减少蒸腾作用对水分的消耗。

方法二，定期在植物叶上喷水雾的办法来增加湿度，并控制好喷水雾的方法，使不致形成水滴，滴在花盆的土上。喷雾时间最好是在早上和午前，因午后和晚间喷雾容易使植物产生霉菌而生病害。

方法三，也可以把植物花盆放在满铺卵石并盛满水的盘中，但不应使水接触花盆盆

底。使用托盆和鹅卵石或者用塑料膜罩起来，亦或是用玻璃瓶养殖植物等方法。

7.4　浇水和施肥

浇水和施肥是保证室内摆设和种植植物状态的日常护理手段，想要保持植物良好的生长状态，应根据其不同的要求进行处理。

7.4.1　浇水

每种植物要求水分的多少与其原产地的生态环境、不同生育期、当时的气候条

件和栽培地点等都有直接的关系。一般来说，生长在沙漠和干旱地区的植物抗干旱能力强，水分消耗少，要求较低的空气湿度，需水量小；原产热带雨林和亚热带林区的花卉，需求较高的空气湿度，抗干旱能力差，需水量大。

从形态上看，叶片小、质硬或叶表有厚的角质层或密生茸毛，需水量少。如仙人掌科植物，有极强的抗旱能力，需要的水分比较少。叶片大、薄而柔软的植物，水分蒸发量大、抗旱能力差，喜欢较高的空气湿度，需水量大。旺盛生长时期的花卉，需要充足的水分；而在休眠期的植物，则需要较少的水分。盆栽植物的正常生长要靠浇水的供给水分，故浇水是否合适，是极为重要的。日常浇水应注意：水质、水量和浇水方法。

（1）水质

日常浇水用水最好是弱酸性或中性的，最理想的是雨水，用自来水浇灌植物应将水放置12h以后，待水无明显的温差和漂白粉散发后再使用。

（2）水量

浇水量的多少、干湿程度的控制，在很大程度上决定着植物生长的好坏。盆栽条件的不同，盆土量有限，水的多少完全靠栽培者供给。如果长期浇水多，盆土又排水不良，则易引起根系腐烂，造成植株死亡；如供水不足，盆土层干燥，根系吸收不到水分和营养，植株也会死亡。正确的浇水量应是每次浇水正好把全部盆土湿透，不多也不少为宜。

具体而言，龟背竹、虎耳草、吉祥草、伞草、海芋、彩叶芋、蕨类、兰科植物需要充足的水分，应多浇水，做到"宁湿勿干"，不能积水，否则会造成烂根死亡。文竹、吊兰、君子兰、冷水花、橡皮树、棕竹、五针松、罗汉松、苏铁、棕榈、秋海棠等在湿润的盆土中生长良好，应"见干见湿"，做到盆土不干不浇，浇则浇透。另一类如龙舌兰、虎尾兰、芦荟、景天、燕子掌、石莲花、条纹十二卷等多肉植物，耐旱能力强，不宜多浇水，"宁干勿湿"。

（3）浇水方法

室内环境受季节和地理位置的影响，浇水的时间和次数应注意：夏季，室内采光充分、通风复好的，盆花水分蒸发较快，可多浇水，注意夏季不能在中午的烈日下浇水；冬天气温低，宜少浇，最好是在晴天的中午浇水最合适；幼苗时少浇，旺盛生长多浇，开花结果时不能多浇；如果室内开了制冷空调，则可减少水量；如在干燥、寒冷的秋、冬季节，室内植物生长缓慢，水分蒸发不大，水要少浇，一般一周一次（图7-7）。

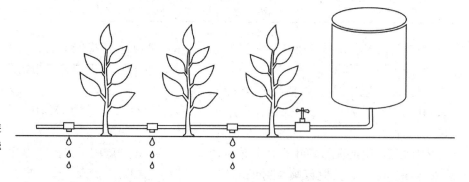

图7-7 通过控制装置来控制和调节浇水量

另外，其他方面的因素也必须考虑，诸如栽培基质的类型、花盆的大小以及当时的温度和湿度等。栽培基质必须排水良好，但也具一定的保水性，以保持足够的水分供植物生长。例如黏重土壤在浇水后变得湿而黏，对棕榈植物不利，而且会导致烂根，并使植物生长迟缓甚至死亡。水分太少时，棕榈植物的叶片就会失去光泽，看起来显得不健康甚至枯萎；若太湿则会导致叶片先端损伤，变为褐色甚至死亡。如果根部受损伤，即使将棕榈植物浸入水中也同样会枯萎，因为被损伤的根部无法从土壤中吸收水分。

7.4.2　施肥

植物生长不断地吸收养分，使栽培基质中的养分逐渐减少，因此需要通过施肥补充养分。为了避免污染室内空气和保持室内卫生，应选用无异味和不招蝇虫的肥料。

肥料是植物栽培的营养来源，肥料的性质、使用量直接影响植物的生长发育。植物生长发育需要的元素比较多，有大量元素和微量元素，其中植物对氮、磷、钾需要量比较大，因此称为"肥料三要素"。氮能让枝叶成长，色泽青翠，如果养分缺少氮，那么植物就发育迟缓，叶片稀黄，花苞也不会多。磷肥可以让植物根系发达，花叶肥壮，促进花色鲜艳果实肥大等作用。如果少了磷，植物会停止生长，花期推迟，叶片褪色。钾肥能使茎叶强壮、挺拔，可促进根系健壮，茎干粗壮挺拔。缺少钾肥，植物会明显营养不良，矮小枯萎，叶片脱落。由此可见，这三种肥料缺一不可。

植物种类不同，对肥料的需求也不同。以观叶为主的植物，在生长时期应以氮肥为主，氮、磷、钾的比例为 3：1：1。对于叶面上有斑纹花点的观叶植物，不可过多施氮肥，否则叶片中的绿色成分增加，彩色部分减弱，影响观赏价值，氮、磷、钾的施肥比例以 1：1.5：1.5 为宜。需要多肥的植物有非洲紫罗兰、天竺葵、一品红、香石竹和菊花等；需中等肥量的植物有大岩桐、万寿菊、朱顶红、百日草、虎皮兰、月季、花烛、仙客来、水塔花和八仙花等；需施少量肥的植物有铁线蕨、肾蕨、多花报春、瓜叶菊、杜鹃、山茶和秋海棠等。

室内植物由于大多已经长成，只需保持植物原有的姿态美感和正常的生长，不出现黄叶、斑叶即可，所以对肥分要求不高，施肥要"宁少勿多"。施肥量过大，容易"烧根"，造成植物叶片泛黄或萎蔫。

一般已成形的观赏植物，均可以浇清水为主，只在生长期施 1～2 次薄肥即可。绿萝、龟背竹、合果芋和喜林芋等可以 1～2 年内不施肥而保持良好的长势。一般来说，对室内植物施肥前，先浇水使盆土潮湿，然后用液体肥料来施肥。观叶和夏季开花的植物在夏季和初秋施肥；冬季开花植物在秋末和春季施肥。

7.5　清洗与通风

清洗植物叶片时采用温水定时、细心地擦洗，叶面会更加光洁美丽，清除尘埃后的叶面也可更多地利用二氧化碳，对于叶片小的室内植物，定期喷水也有同样效果。例如，将植物放在庭园里洗去叶片上的灰尘。这种简单的处理不仅使植物更美观，而且对于减少害虫在植株上集结非常重要，尤其是清除螨类等喜欢干燥环境的害虫。此外，在雨天或毛毛雨时把植物放在户外也是一个好的办法。但若太阳太强时就不能搬出，因为热带植物一直在遮阴的环境中生长，若突然暴露在太阳直射下，会导致强烈的灼伤。

室内密闭、通风不良极易引起红蜘蛛、介壳虫、蚜虫、白粉虱等害虫危害。尤其是夏季高温潮湿，通风不良，还会造成白粉病、褐斑病、腐烂病的发生。所以，夏季应把植物放在通风良好的阴棚下养护，冬季在室内养护时，遇到晴朗的天气，中午应开窗，通风换气。室内的棕榈植物，可将其移至庭园阴凉处进行复壮，对其精心地浇水、换盆或施肥，使其渐渐地恢复长势，重新生长，调养一段时间后，再搬至屋内。可以预先计划好，将室内所有棕榈植物都轮换搬出室外进行清洗，以保证在室内摆设的植物达到最佳观赏效果。建议棕榈植物在室内摆放 2 个月后再在室外放置 2～3 周。

7.6　病虫害及其防治

营造好植物的生长环境和生长条件，

使植物生长健壮、增加自身的抵抗能力，这是防止病虫害的最好措施。如果植物基质带菌、植株体弱、环境闷塞及管理不善，都可能诱发和滋生病虫害。

7.6.1 常见生理性病害

（1）脱叶：表明水分过大或烂根。

（2）叶片枯黄：叶片干尖或叶尖叶片边缘枯黄，表明缺水和空气干燥；如果叶片突然干枯，是肥料过量或基质内虫害所致。有害气体（二氧化硫）和射线（如新装修的房间或离电视太近）有时也能造成叶子枯黄或全株死亡。

（3）根腐病：因浇水过多、基质板结不透气和施肥过多所致。

7.6.2 常见病原性病害

（1）白粉病：叶面覆盖一层白色小斑点，尔后逐渐扩散变灰色，导致叶片脱落。

（2）叶斑病：叶片出现黑色斑点，周围成水渍状褐色圈。

（3）枯枝病：病菌从生长较弱的枝条滋生，从顶部干枯，直至全株枯萎死亡。

（4）锈病：初期叶背出现黄色小斑，而后锈菌孢子逐渐呈橘红色粉状。

这几种病害是由于温度过高，水分、湿度过大、光照不足和不透风引起的病菌性病害。轻的可以剪去其生病部位以防蔓延，重则应彻底销毁。也可移于室外喷洒多菌灵、托布津等药剂。早期发现也可在室内用青霉素、链霉素抗菌药水涂擦患部。

7.6.3 常见虫害

（1）介壳虫：这种虫外部有蜡质的介壳，吸附在植物上吸取汁液，造成受害部位枯黄、脱落或植物死亡。

（2）红蜘蛛：体小呈红色，常栖于叶子背面吸取汁液。

（3）粉虱：又称小白蛾，双翅有白色蜡粉，常用刺吸式口器刺入植物吮吸汁液。这些虫害也多因过于潮湿和不通空气而引起。

治理这些虫害，由于室内不宜用药物喷洒，最好采用内吸性药物，如呋喃丹、滴灭威等埋入土内，等药性吸收到植物体内，昆虫吸吮汁液后就会致死。虫害较轻的也可以采用手捉、湿布擦拭或剪去受害枝叶的办法。盆栽棕榈植物比生长在庭园中的更容易遭受某些病虫危害。其中有三类害虫对盆栽棕榈植物危害最严重，它们是粉蚧、螨类和介壳虫。螨类是最严重的室内棕榈植物害虫，通常可以喷雾或浇淋减轻危害。由于通风条件不佳，容易引起棕榈植物黑斑病的发生，可以通过增施钾肥和改善通风条件来预防。

参考文献

[1] 王燕，张亚见，何茂盛，刘伟祥，孙悦，林漪萍，刘福霞，刘乃森. 光质对植物形态结构和生长的影响 [J]，安徽农业科学，2018，46（19）：22-25.

[2] 庄晓波. 植物光照标准现状及标准化建议 [J]. 照明工程学报，2018，29（04）.

[3] 王伟丽. 浅析植物工厂无土栽培立体栽培架的应用 [J]. 木工机床，2019，（02）：35-38.

[4] 纪开燕，郭成宝，童晓利，等. 设施草莓立体无土栽培的主要模式与发展对策 [J]. 江苏农业学，2013，41（06）：136-138.

致谢

研究生杨声丹、余佩霜、王宣方、姚绪辉为本书的资料收集、整理、图片处理、绘制、校对等方面做了大量工作,在此表示衷心的感谢!

图 1-4 丢勒《报春花属》

图 1-5　玻璃容
器中的花卉

植物叶色-绿色　　　　　　　植物叶色-黄色　　　　　　　植物叶色-紫色

植物叶色-灰绿色　　　　　　植物叶色-黄绿花叶　　　　　植物叶色-粉白花叶

植物叶色-黄红色　　　　　　植物叶色-白绿花叶　　　　　植物叶色-蓝绿色

图 2-27　植物叶色

浅绿色　　　　　　　　中绿色　　　　　　　　深绿色
驯鹿苔藓　　　　　　　驯鹿苔藓　　　　　　　驯鹿苔藓

翠绿色　　　　　　　　天然绿色　　　　　　　深绿色
苔藓杆　　　　　　　　苔藓杆　　　　　　　　长苔藓

图 2-28　绿植肌理

图 2-30　新泽西州米尔伯恩塔哈瑞庭院（Tahari courtyard，New Jersey）四季景色

办公空间照明　　　　　　　　餐厅照明　　　　　　　　客厅照明

图 2-91　建筑室内绿化照明

图 5-17　植物色彩
肌理

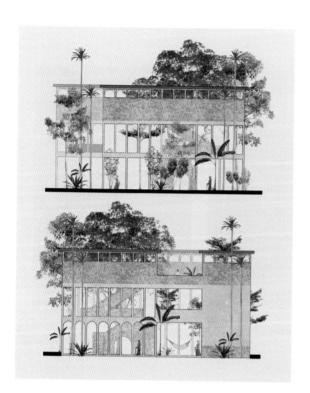

图 6-47　图像拼贴法表现图

图 6-50　三维渲染法效果图